"十二五"职业教育国家规划教材

网站建设与管理

总主编　杨　华　李卫东
主　编　周佩锋　张　实

北　京　出　版　社
山东科学技术出版社

编审委员会

编写说明

随着科技和经济的迅速发展，互联网已成为生产和生活必不可少的一部分，社会、行业、企业对网站建设与管理人才的需求也与日俱增。如何培养满足企业需求的人才，是职业教育所面临的一个突出而又紧迫的问题。目前中职教材普遍存在理论偏重、偏难以及操作与实际脱节等弊端，突出的是以“知识为本位”而不是以“能力为本位”的理念，与就业市场对中职毕业生的要求相左。

为进一步贯彻落实全国教育工作会议精神、《国务院关于加快发展现代职业教育的决定》(国发[2014]19号)、《现代职业教育体系建设规划(2014－2020年)》(教发[2014]6号)，北京出版社联合山东科学技术出版社结合网站建设与管理各中职学校发展现状及企业对人才的需求，在市场调研和专家论证的基础上，打造了反映产业和科技发展水平、符合职业教育规律和技能人才培养要求的专业教材。

本套专业教材以该专业教学标准及教学课程目标为指导思想，以中职学生实际情况为根据，以中职学校办学特色为导向，与具体的专业紧密结合，按照“基于工作流程构建课程体系”的建设思路(单元任务教学)编写，根据网站建设与管理的总体发展趋势和企业对高素质技能型人才的要求，构建与网站建设管理专业相配套的内容体系。本系列教材涵盖了专业核心课的各个方向。

本套教材在编写过程中着力体现了模块教学理念和特色，即以素质为核心、以能力为本位，重在知识和技能的实际灵活应用；彻底改变传统教材的以知识为中心、重在传授知识的教育观念。为了完成这一宏伟而又艰巨的任务，我们成立了教材编写委员会，委员会的成员由具有多年职业教育理论研究和实践经验的教育行政人员、高校教师和行业企业一线专业人士担任。从选题到选材，从内容到体例，都以职业化人才培养目标为出发点，制定了统一的规范和要求，为本套教材的编写奠定了坚实的基础。

本套教材的特点具体如下：

一、教学目标

在教材编写过程中明确提出以教育部“工学结合，理实一体”为编写宗旨，以培养知识与技能为目标，避免就理论谈理论、就技能教技能，要做到有的放矢。打破传统的知识体系，将理论知识和实际操作合二为一，理论与实践一体化，体现“学中做”和“做中学”。让学生在做中学习，在做中发现规律、获取知识。

二、教学内容

一方面根据教学目标综合设计新的知识能力结构及其内容，另一方面还要结合新知识、新技术的发展要求增删、更新教学内容，重视基础内容与专业知识的衔接。这样学生能更有效地建构自己的知识体系，更有利于知识的正迁移。让学生知道“做什么”“怎么做”“为什么”，使学生明白教学的目的，并为之而努力，这才能切实提高学生的思维能力、学习能力、创造能力。

三、教学方法

教材教法是一个整体，在教材中设计“单元—任务”方式，通过案例载体来展开，以任务的形式进行项目落实。每个任务以“完整”的形式体现，即完成一个任务后，学生可以完全掌握相关技能，以提升学生的成就感和兴趣。体现以学生为主体的教学方法，做到形式新颖。通过“教、学、做”一体化，按教学模块的教学过程，由简单到复杂开展教学，实现课程的教学创新。

四、编排形式

教材配图详细、图解丰富、图文并茂，引入的实际案例和设计等教学活动具有代表性，既便于教学又便于学生学习；同时，教材配套有相关案例、素材、配套练习及答案光盘以及先进的多媒体课件，强化感性认识、强调直观教学，做到生动活泼。

五、编写体例

每个单元都是以任务驱动、项目引领的模块为基本结构。具体栏目包括任务描述、任务目标、任务实施、任务检测、任务评价、相关知识、任务拓展、综合检测、单元小结等。其中，“任务实施”是教材中每一个单元教学任务的主题，充分体现“做中学”的重要性，以具有代表性、普适性的案例为载体进行展开。

六、专家引领，双师型作者队伍

本系列教材由北京出版社和山东科学技术出版社共同组织国家示范中等职业学校双师型教师编写，参加的学校有中山市中等专业学校、山东省淄博市工业学校、滨州高级技工学校、浙江信息工程学校、河北省科技工程学校等，并聘请山东省教研室主任助理杜德昌、山东师范大学教授刘凤鸣担任教材主审，感谢浪潮集团、星科智能科技有限公司给予技术上的大力支持。

本系列教材，各书既可独立成册，又相互关联，具有很强的专业性。它既是网站建设与管理专业教学的强有力工具，也是引导网站建设与管理专业的学习者走向成功的良师益友。

前 言

在国家职教政策引导和人才市场需求的双重作用下，中等职业教育招生规模逐年扩大，生源特点持续变化，专业设置和岗位培养目标不断调整，相应地对中等职业学校的专业建设、课程建设、教材建设提出了更高的要求。

计算机类相关专业（计算机网络技术、计算机应用技术）是中等职业教育中招生规模相当庞大、开设学校最为普遍的专业之一。

本教材以“工学结合，理实一体”为编写宗旨，教材内容体现理实一体、工作过程为导向的思想，以及“学中做”和“做中学”的理念；让学生在做中学习，在做中发现规律，获取知识。教材内容一方面依据专业教学标准中每门课的主要教学内容和要求，同时还结合岗位技能证书的职业标准，并使其有机地结合在一起，所涉及的教学任务紧扣未来学生实际工作需要，体现知识技能岗位化、岗位问题化、问题教学化、教学任务化、任务行业标准化。

全书共分为十个单元，主要内容有：网站规划及设计、网站的安装与配置、网页设计基础、Dreamweaver 网页设计、网页动态功能扩展、网站测试与上传、网站管理、网站推广、网站维护与更新、网站设计合同综述等。在编写上以培养学生的应用能力为主要目标，既注重培养学生分析问题的能力，也注重培养学生思考、解决问题的能力，使学生真正做到学以致用。本书所配套的多媒体教学课件及习题参考答案可向作者或山东科学技术出版社索取。

本书由周佩锋、张实担任主编，黄笃民、崔敏、陈晨、贾强、朱雅楠、张珍、张帆、赵书增担任副主编。

由于时间紧迫，加之作者水平所限，不足和错漏之处，敬请读者批评指正。

编　者

目 录

CONTENTS

单元一 网站规划及设计 …… 1

任务 1 网站开发流程 …… 2

任务 2 申请域名 …… 7

任务 3 选择网站建设服务商 …… 12

任务 4 网站发布 …… 14

任务 5 网站维护 …… 17

单元二 网站的安装与配置 …… 21

任务 1 Windows Server 2003 的安装 …… 22

任务 2 IIS 的安装 …… 32

任务 3 在 IIS 上配置 Web 服务器 …… 36

任务 4 在 IIS 上配置 FTP 服务器 …… 40

单元三 网页设计基础 …… 46

任务 1 使用 HTML 语言创建基本网页 …… 47

任务 2 使用 HTML 插入图片 …… 52

任务 3 使用 HTML 语言创建超链接 …… 55

任务 4 使用 HTML 语言创建表格 …… 57

任务 5 使用 HTML 语言创建框架 …… 61

任务 6 使用 HTML 语言创建表单 …… 64

单元四 Dreamweaver 网页设计 …… 68

任务 1 构建站点 …… 69

任务 2 使用 Dreamweaver 创建基本网页 …… 73

任务 3 使用 Dreamweaver 创建表格 …… 78

任务 4 使用 Dreamweaver 创建超链接 …… 81

任务 5 使用 Dreamweaver 创建框架 …… 86

任务 6 使用 Dreamweaver 创建表单 …… 89

任务 7 创建动态网页 …… 91

单元五 网页动态功能扩展 …… 95

任务 1 ASP 基础知识及使用的脚本语言 …… 96
任务 2 ASP 的内置对象 …… 100
任务 3 数据库应用 …… 105

单元六 网站测试与上传 …… 111

任务 1 网站测试 …… 112
任务 2 网站上传 …… 115

单元七 网站管理 …… 119

任务 1 网站数据备份 …… 120
任务 2 网站用户权限设置 …… 121
任务 3 网站病毒预防与黑客防范 …… 128

单元八 网站推广 …… 131

任务 1 搜索引擎 …… 132
任务 2 网络广告 …… 134
任务 3 电子邮件 …… 136
任务 4 网络营销方案与传统宣传方式 …… 144

单元九 网站维护与更新 …… 149

任务 1 网站的日常维护 …… 150
任务 2 网站的更新 …… 153

单元十 网站设计合同综述 …… 158

任务 1 网站建设需求分析 …… 159
任务 2 网站制作合同的签订 …… 162
任务 3 网站设计合同的履行 …… 165
任务 4 网站验收 …… 167
任务 5 网站维护合同 …… 168

习题参考答案 …… 172

参考文献 …… 177

单元一　网站规划及设计

单元概述

网站设计的目的就是产生网站，各种简单的信息如文字、图片和表格，都可以通过超文本标记语言放置到网站页面上。而更复杂的信息如矢量图形、动画、视频、声频等多媒体档案则需要插件程序来运行，同样地，它们亦需要将标示语言移植在网站内。网页设计是设计过程前端（即客户端）的设计，通常用于描述一个网站，包括写标记等。网站设计是一个把软件需求转换成用软件网站表示的过程，就是指在因特网上，根据一定的规则，使用 Dreamweaver、photoshop 等工具制作的用于展示特定内容的相关网页的集合。简单地说，网站是一种通信工具，就像布告栏一样，人们可以通过网站来发布自己想要公开的资讯，或者利用网站来提供相关的服务（网络服务）。人们可以通过网页浏览器来访问网站，获取自己需要的资讯或者享受网络服务。网站是由域名（俗称网址）、网站源程序和网站空间三部分构成，其中域名类似于互联网上的门牌号码，是用于识别和定位互联网上计算机的层次结构式字符标识，与该计算机的互联网协议相对应。

对于企事业单位而言，建设网站可以宣传自己的形象和介绍产品、服务，与客户之间有更好的沟通，增加本单位的知名度。对于个人而言，可以在综合类网站提供的二级域名上建设自己的主页。个人主页可以展示自己的风采，交流某些方面的经验，与同行进行交流沟通。如果你建设的网站很成功，还有可能获得风险投资。无论是企业、事业单位的网站还是个人主页，要想使网站结构清晰合理、内容准确翔实、页面生动鲜明，完整的网站建设规划和具体的设计方案是在网站建设开始之前必须考虑的问题。

单元目标

- 网站开发的流程
- 域名的申请步骤
- 服务商的概念
- 选择接入方式

任务1 网站开发流程

任务描述

网站的建设通常都遵循一个基本的流程:即站点规划、设计、开发、发布与维护五个阶段,如图1.1所示。

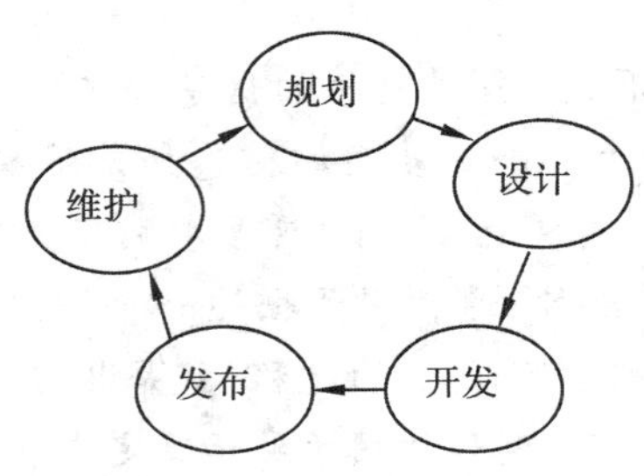

图1.1 网站建设开发流程

任务目标

能够理解网站建设开发流程所涉及五个阶段的任务及特点:

- 站点规划
- 网站设计
- 网页制作
- 网站发布
- 网站维护

任务分析

完成本任务需要从全局熟悉网站开发流程的五个环节,以及它们之间的相互衔接。实施过程如下:

任务实施

一、任务准备

通过分析目标用户对站点的实际需求,来确定站点风格和网站目标。

二、任务实施

1. 站点规划

规划站点是网站建设的第一步,“好的开始是成功的一半”,良好的网站站点规划是进一步开发的基础。

(1)确定网站目标

尽管建设网站的目标不尽相同,但是作为网站开发者,我们必须明确这个目标。因为站点目标越明确,发现的问题就越多,以后的工作也就越具体。此过程实际上是整理思路的过程,它将作为下一步工作的指导。

(2)分析目标用户对站点的实际需求

由于一个网站想在同一时间内让所有访问者都感觉到满意是不可能的,因此我们必须根据站点目标确定出可能对网站感兴趣的目标用户,然后从目标用户的角度出发,考虑他们对站点的需求,从而将制作的站点最大限度地与目标用户的愿望统一,这样就能够接近或达到建立站点的目标。

(3)确定站点风格

确定站点的整体风格,也就是确定网站内容的大致表现形式,包括网页所采用的布局结构、颜色、字体、图像效果、标志图案等。

(4)考虑网络技术因素

确定了网站的风格后,就需要考虑影响目标用户访问网站的网络技术因素了,这些因素将决定网页最终的下载显示以及使用。

2. 网站设计

经过网站规划阶段后,网页设计者对所面临的任务有了一个大概的了解,接下来将进入工作流程中的第二步——网页设计。

(1)建立站点的目录结构

在设计站点时,应该事先在计算机硬盘中建立一个文件夹,以它作为工作的起点。具有良好组织结构的站点文件夹会使得网站更易于制作和维护。

通常的做法是:首先将站点中的各种信息资源进行整理、归类,然后在计算机硬盘上新建一个站点文件夹(即根文件夹);再根据需要,在文件夹中新建若干个子文件夹,以便将不同类型的文件存放在站点中;最后,是在这个站点根文件夹中新建一个主页文件。

在网站开发中,一定要特别注意文件、文件夹、图像等网页素材的命名。由于这些命名规则受到不同操作系统的影响,故应该在网站中使用通用名称。

网站命名一般应遵循以下规则:

①最好使用小写英文名称(可以用汉语拼音代替),但中间不能有空格。例如 mypage. htm、youmain. htm 等。一般情况下,不要使用中文文件名。

②可以包含数字或下画线,例如 mypage1. htm、you_main. htm 等。

③注意正确使用文件的扩展名。网页文件的扩展名为. htm 或. html,而图像也有自己的扩展名,例如:logo. gif、image_1. jpg 等。一般情况下,文件的扩展名都是由响应软件自动添加的。

(2)设计导航系统

网站中的导航系统,实质上是指一组使用了超链接技术的网页对象(包括文字、按钮、小图片等),它们将网站中的内容有机地链接在一起,是浏览者获取网页信息的基本界面。

导航设计的基本原则是:通过最少的点击次数得到最多的信息。这意味着应该根据页面内容的逻辑关系制作网站的导航系统,而不是将网站中的所有信息都用超链接链接起来,否则浏览者将无法进行有效浏览。设计网站导航系统时应该注意以下要点:

①浏览者应该能够方便地知道他们现在正处于网站中的什么位置,也就是说要提供页面的位置信息。

②在页面中提供返回首页或上一级页面的超链接。

③提供与站点制作者联系的电子邮件链接。

④整个导航系统的风格应该一致,否则会使浏览者产生一种已经离开该网站的错觉。

(3)设计页面的版式

页面版式就是如何安排网页中的元素(包括文本、图像、动画等),或者指明用什么形式表现网页的内容。

在设计页面布局之前,首先应确定页面中要放置什么内容,包括导航栏、文本、图像或其他多媒体信息的详细数目,然后在纸上或图像处理软件(如 photoshop、Fireworks 等)中绘制出页面的布局效果,最后选择使用特定排版技术(如表格、层或框架等),对内容进行排版。

设计页面版式应注意以下要点:

①设计页面应以网站目标为准,最大限度地体现网站的功能。

②形象简明,易于接受。设计页面时应当始终为目标用户着想,网页中的任何信息都应该是为浏览者服务的,要确保网页中的信息能够被用户接受。总之,设计页面布局时,简单即是美,和谐即是美。图 1.2 为腾讯网的主页。

图 1.2 腾讯网主页

(4)网页中的颜色

在网页制作过程中通过设置文本颜色、背景颜色、链接颜色以及图像的颜色，可以构造出很多网页布局效果。设计颜色方案时应遵循以下要点：

①保持一致性。若选择了一种颜色作为网站的主色调，那么，最好在网页中保持这种风格，另外，页面中的图像或其他多媒体信息的颜色也应该与之匹配。

②注意可读性。获取信息是绝大多数访问者浏览的目的，故不论是文本式的网页还是画廊式的网页，应该注意页面的可读性。例如，白底黑字显然比黑底白字的可读性好，而在黑色背景下的紫色超链接，可能会被访问者忽略掉。

(5)文字、图像、动画等对象的使用

网页中的文字设计也是体现站点风格的一种方式。为确保网页中的所有字体能够被访问者的浏览器正确显示，中文网站中的字体最好使用默认的“宋体”，或是“楷体”“黑体”等基本字体。

3. 网页制作

网站建设的第三步是具体实施设计结果，即将站点中的网页按照设计方案制作出来。此阶段需要根据设计阶段制作出的示范网页，通过 Dreamweaver 等软件在各个具体网页中添加实际的内容，包括文本、图像、声音、Flash 电影以及其他多媒体信息。

4. 网站发布

网站制作到一定规模后，就可以考虑将它发布到 Internet 上，以便使人们能够通过 Internet 访问它。发布站点时,用户首先需要向 ISP 申请网页空间,得到有关远程站点的基本信息(包括用户名、主机地址、用户密码等),然后使用 FTP 软件或 Dreamweaver 进行网站上传。

5. 网站维护

将站点上传并不意味着大功告成,因为只有不断地更新站点中的信息,才能吸引新的访问者和留住现有的访问者。随着网站的发布,我们应该根据访问者的建议,不断修改或更新网站中的信息,并从浏览者的角度出发进一步将网站加以完善。这时,网站建设工作又返回到流程中的第一步,这样周而复始,就构成了网站的维护过程。

三、任务检测

初步完成网站开发流程的布局后,要在老师的指导下,全面检测网站开发流程的合理性。

特别提示

注意事项:

1. 确定适宜的站点风格。

2. 网站命名应该遵循的有关规则。

任务评价

评价项目		评价要素	
网站开发流程		站点规划	
		网站设计	
		网页制作	
		网站发布	
		网站维护	

相关知识

本任务所涉及的知识点有五个方面:站点规划;网站设计;网页制作;网站发布;网站维护。

任务拓展

上网查看几大门户网站的网页结构,包括栏目布局、色彩搭配、字体大小等内容。

任务2 申请域名

任务描述

建立网站必须拥有自己的域名,域名可以理解为我们常说的网址。域名在国际互联网上是唯一的,谁先注册,谁就具有使用权。我们在建立网站之前首先应该申请域名。有了域名之后,就可以将建立的网站放置到Web服务器上。全世界的浏览者在浏览器上只要键入你注册的域名,就可以随时浏览你的网页。

任务目标

- 能理解域名的常识
- 能熟悉域名的层次
- 能理解域名的命名规则
- 会进行域名注册申请

任务分析

当我们要建立一个网站时,就必须进行域名申请,从而得到一个属于自己的域名。

任务实施

一、任务准备

1. 准备申请资料

目前,. com 域名无须提供身份证、营业执照等资料;2012 年 6 月 3 日,. cn 域名已开放个人申请注册,申请域名需要提供身份证或企业营业执照。

2. 寻找合适的域名注册网站。

二、任务实施

1. 域名常识

与 Internet 互链的服务器以 IP 地址作为唯一标识,我们建立的网站就是放置到这个具有唯一标识的服务器上。这样,只要键入这个 Internet 上唯一的 IP 地址,就可以立即打开网站主页。IP 地址不易记忆,因此,国际互联网机构就使用域名映射 IP 地址的方法,通过 DNS 域名解析系统将域名解析成 IP 地址。

域名有国内域名和国际域名之分。而域名本身有顶级域名、二级域名、三级域名之分。域名由域名注册服务商代表注册者行使域名注册请求或更改服务。

2. 域名的层次

域名都是由英文字母和数字组成,各部分之间用英文的“.”来分隔。一个完整的域名应该由两个或两个以上的部分组成,最右边的部分称为顶级域名。如 www.qq.com。

3. 域名命名规则

(1)国际域名的命名规则

国际域名的命名一般应遵循下列规则:

①国际域名可使用英文 26 个字母,10 个阿拉伯数字以及横杠(“-”),其中横杠不能作为开始符和结束符。

②国际域名不能超过 67 个字符(包括.com、.net 和.org)。

③域名不能包含空格;在域名中,英文字母是不区分大小写的。

(2)国内域名的命名规则

对于注册国内域名,也就是顶级域名为.cn 的域名,CNNIC(中国互联网络信息中心)在国际域名命名规则的基础上又增加了一些要求。如国内用户只能注册三级域名,各级域名之间用实点“.”连接,三级域名长度不得超过 20 个字符;不得使用或限制使用以下名称:

①注册含有“china”“chinese”“cn”“national”等标志,须经国家有关部门(指部级以上单位)正式批准。

②公众知晓的其他国家或者地区名称、外国地名、国际组织名称不得使用。

③县级以上(含县级)行政区划名称的全称或者缩写。

④行业名称或者商品的通用名称不得使用。

⑤他人已在中国注册过的企业名称或者商标名称不得使用。

⑥对国家、社会或者公共利益有损害的名称不得使用。

⑦经国家有关部门(指部级以上单位)正式批准和相关县级以上(含县级)人民政府正式批准的,相关机构要出具书面文件表示同意××单位注册××域名。如要申请 jinan 域名,则要提供济南市人民政府的批文。

在对国内域名命名时, 一般遵循下列规则:

①遵照域名命名的全部共同规则。

②早期,.cn 域名只能注册三级域名,从 2002 年 12 月份开始,CNNIC 开放了国内.cn 域名下的二级域名注册,可以在.cn 下直接注册域名。

③2009 年 12 月 14 日 9 点之后,新注册的.cn 域名需提交实名制材料(注册组织、注册联系人的相关证明)。

4. 域名申请

是指在有资格进行域名注册代理的机构那里进行域名登记,无论是国内域名还是国际域名,域名申请都需委托一家专门机构进行。目前,中国万网(www.net.cn)一直在域名注册以及主机托管领域名列前茅。下面以在中国万网上申请国内域名为例,说明域名申请的步骤和方法。

在浏览器中键入 http://www.net.cn 网址,你将进入中国万网的主页,如图 1.3 所示。首先在"英文域名查询"框中输入你准备注册的域名,以查询该域名是否有人已经注册。

例如你在查询框中输入 thegirlofthw 后,选择其中的.com.cn(代表要注册国内商业类域名),而后单击右侧的"查询"按钮,等待一会儿,如果域名还没被注册,则会出现如图 1.4所示的窗口;如果该域名已经被注册,则会出现如图 1.5 所示的窗口,此时你需要重新输入其他域名后再查询注册的情况。

当你再次输入的域名没有被注册,则接下来你会进入到域名注册界面,如图 1.6 所示。你会看到一些相关的提示信息,包括域名注册的价格、服务期限等,你需要选择一种付款方式。而后单击"提交"按钮,进入下一个操作界面。

接下来出现的是用于填写注册人信息的界面,如图 1.7 所示。值得注意的是:用户必须先要接受网站制定的注册协议,即必须选中"我已阅读,理解并接受中国万网国内英文域名注册协议"此项,如图 1.7 下部所示,若没有选中,则在提交时无法通过。另外,在填写注册人信息时,凡带有星号的项目是必填项,如果没有填写,提交检查时会报错,即返回注册人信息界面,要求必须如实填写。

图 1.3 中国万网主页

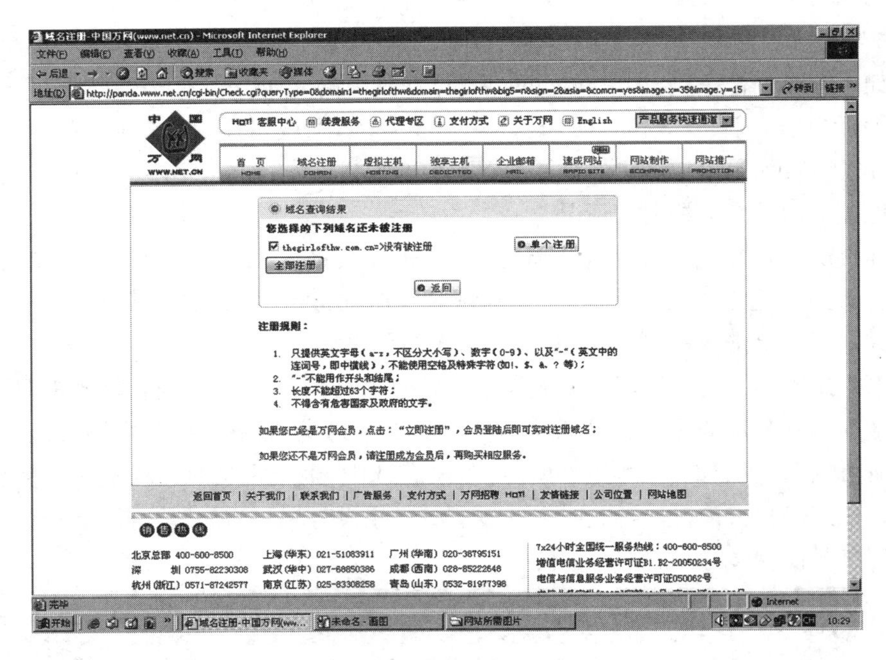

图 1.4　域名注册查询

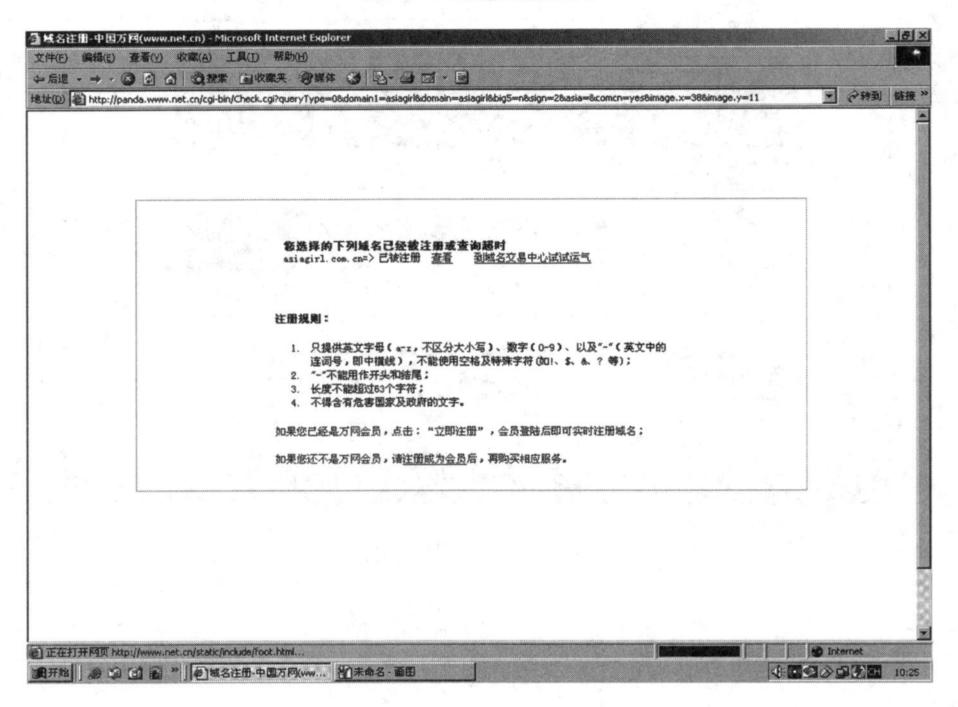

图 1.5　申请域名已注册

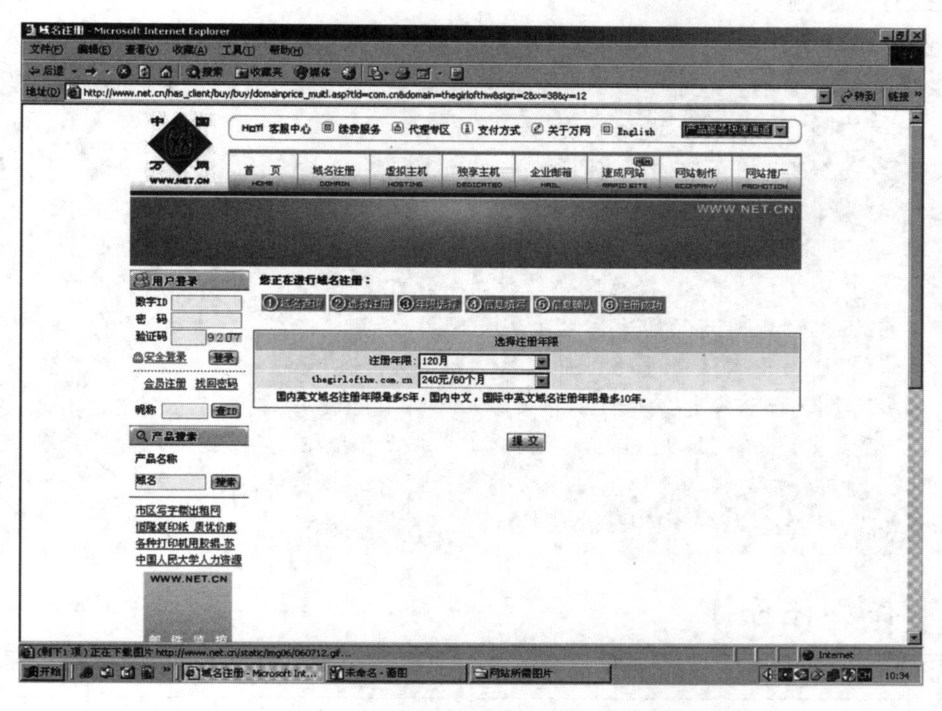

图 1.6 申请注册域名成功并交纳年费

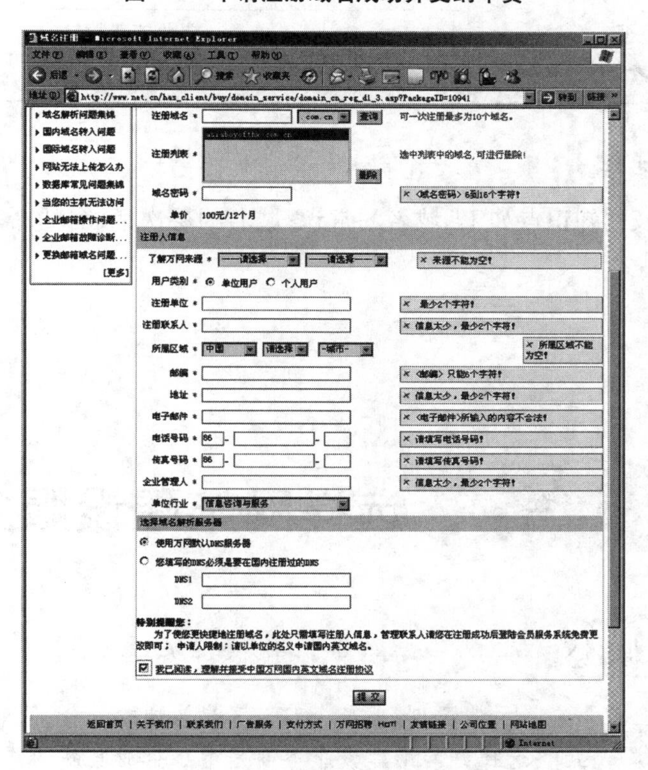

图 1.7 填写域名注册信息

三、任务检测

域名注册正式申请成功后，即可进入 DNS 解析管理、设置解析记录等操作。

特别提示

注意事项：不得使用，或限制使用以下名称。

1. 注册含有“china”“chinese”“cn”“national”等标志，须经国家有关部门（指部级以上单位）正式批准。

2. 公众知晓的其他国家或者地区名称、外国地名、国际组织名称不得使用。

3. 县级以上（含县级）行政区划名称的全称或者缩写。

4. 行业名称或者商品的通用名称不得使用。

5. 他人已在中国注册过的企业名称或者商标名称不得使用。

6. 对国家、社会或者公共利益有损害的名称不得使用。

7. 经国家有关部门（指部级以上单位）正式批准和相关县级以上（含县级）人民政府正式批准的，相关机构要出具书面文件表示同意××单位注册××域名。如要申请 jinan 域名，则要提供济南市人民政府的批文。

任务评价

评价项目		评价要素	
域名注册		域名申请	
		交纳年费数额	

相关知识

本任务所涉及的知识点如下：域名的常识；域名的层次；域名的命名规则；域名注册申请。

任务 3 选择网站建设服务商

任务描述

网站不仅是企业形象展示的窗口，也是企业与客户沟通的平台，同时亦是企业开展网络营销的重要载体。因此，选择好网站建设服务商是中小企业实施网络营销的重要一步。

任务目标

- 能了解 ISP
- 会选择 ISP

任务分析

目前,网站建设行业仍然存在两极分化的现象:市场不乏大型建站公司,但由于价格昂贵,一些中小企业只能望而却步。而由于行业准入门槛低,绝大部分建站公司规模小,甚至存在个体经营的形式,这些建站公司的技术、设计能力薄弱,后续的网站维护管理也难以保障。所以,应该认真考虑如何选择网站建设服务商的问题。

任务实施

一、任务准备

1. 核查建站公司是否具备合法的经营资质。

2. 核查建站公司的网站制作经验及技术实力。

3. 核查建站公司是否拥有专业的网站建设团队。

4. 综合考虑建站的性价比。

二、任务实施

1. 认识 ISP

(1)什么是 ISP

ISP(Internet Server Provider,Internet 服务提供商)就是为用户提供 Internet 接入和 Internet 信息服务的公司和机构。

(2)ISP 的应用

ISP 能提供拨号上网、网上浏览、下载文件、收发电子邮件等服务,是网络最终用户进入 Internet 的入口和桥梁。它包括 Internet 接入服务和 Internet 内容提供服务。ISP 提供的接入方式很多,目前比较流行的方法有局域网(LAN)、宽带 ADSL 以及普通拨号上网(dial - up)。

(3)ISP 的发展过程

ISP 最初出现在 20 世纪 80 年代末。美国国家科学基金会(NSF)创立了 NSFNET,它定义了一个分级网络方案,其中本地网络接入区域网,而区域网又接入 NSFNET 国家骨干网。

1993 年,因特网商业化的压力特别大。NSF 决定私有化因特网,并宣布停止资助 NSFNET 的意图,将其现有的网络资源转为商业运作。

(4)ISP 典型设施——PoP

典型 ISP 设施(PoP)是一个安装路由器、服务器、存储设备和其他通信和网络设备的安全位置。PoP 是客户可以链接到服务提供商的设备并获得对更大网络访问的任何设施。

2. 如何选择 ISP

不同的 ISP 所提供的服务是有所差别的,我们应按需选择合适的 ISP。中国万网就是一个 ISP,它主要提供了包括域名注册、虚拟主机服务、独享主机服务、企业邮箱、速成网站的建设方案、如何制作网站和对网站的推广等服务。

三、任务检测

特别提示

客户应将建站公司承诺的功能与服务,通过签订书面合同的方式进行约定,以保障自身的利益。

任务评价

评价项目			评价要素
网站建设服务商			经营资质
			网站制作经验及技术实力
			是否拥有专业的网站建设团队
			建站性价比

相关知识

本任务所涉及的知识点如下:

1. 了解 ISP

2. 怎样选择 ISP

任务 4 网站发布

任务描述

网站制作到一定规模后,就可以考虑将它发布到 Internet 上,以便人们能够通过 Internet 访问它。

任务目标

- 会购买空间及域名
- 会申请 ICP 备案
- 会上传网站
- 能按 F4 打开“站点管理器”
- 能填写站点名称
- 会链接虚拟主机
- 把 wordpress 源程序解压后上传到网站根目录
- 会域名解析
- 能把域名绑定到空间

任务分析

发布站点时,用户首先需要向 ISP 申请网页空间,得到有关远程站点的基本信息(包括用户名、主机地址、用户密码等),然后使用 FTP 或 Dreamweaver 软件进行网站上传;再进行域名解析,并且把域名绑定到空间。

任务实施

一、任务准备

1. 本地制作。
2. 购买空间、域名。
3. 安装 FTP 软件。
4. 编写 wordpress 源程序。

二、任务实施

1. 购买空间、域名

根据自己使用的编程语言来选择合适的操作系统。如网站使用 ASP、ASP. net 编写的,请选用 Windows 系列虚拟主机;使用 PHP 的,选用 UNIX 系列虚拟主机。如只想做几个静态页面发布到网站上,则可以选择全静态 HTML 虚拟主机;如果您的网站需要使用数据库,也要注意选择合适的操作系统。

2. 申请 ICP 备案

按照国家信息产业部要求,国内开通网站必须先办理 ICP 网站备案,所以您在主机购买成功后,首先要备案,备案时间大概在 20 天左右。

3. 上传网站

网站在备案的过程中,一般注册商会给你一个临时的二级域名提供访问。所以我们在备案的同时,可以先调试网站程序。上传网页常用的工具有 CuteFTP、LeapFTP、FlashFXP。

4. 按 F4 打开“站点管理器”

选择“站点” > “添加” > “站点”,输入站点名称。

5. 填写站点名称

站点名称随意,"FTP 主机地址"中填入您的 IP 地址或您的域名都可以,如:123.123.123.123。去掉"匿名登录"的选择,输入"用户名""密码"(FTP 账号密码由注册商提供)。端口为默认"21",登录类型请选择"标准",然后点击应用按钮。

6. 链接虚拟主机

如果设置正确,点"链接"就可以成功链接虚拟主机了。

7. wordpress 源程序解压后上传到网站根目录

链接后大致可以分为左、右两大部分和下边部分。左边区域是本地磁盘,可以访问本地目录文件。右侧是远程服务器,可以和管理本地文件一样管理远程文件。右键单击可以新建目录,双击可以进入目录。下方区域显示的是传送文件时的进度。解压后,把 wordpress 源程序解压后上传到网站根目录。

8. 域名解析

域名的解析和绑定可以在备案成功后进行。首先登录域名管理后台,根据域名注册商不同,解析操作上会有些细微的差别。总体来说,域名解析的时候都只是要添加一个子域名为"www"的 A 纪录,填上你主机的 IP,点击添加。域名解析生效的时间一般在 2 小时以内。判断域名是否生效的方法如下:开始 > 运行 > 然后输入"cmd",最后输入"Ping www.×××.com"命令,Ping 与域名中间有一个空格,如果发现上面的 IP 和你主机的 IP 一样,就说明已经生效。

9. 把域名绑定到空间

在注册商提供的虚拟主机控制面板,大都会有域名绑定的设置。只有在这里绑定了你的域名且你的域名解析到这个主机上,域名才能访问这个空间里的内容。经过域名空间购买、申请 ICP 备案、网站源程序上传、域名解析、域名绑定这几个步骤后,外界就可以访问我们的网站了。

三、任务检测

发布成功后,打开浏览器,查看网站在远程服务器上的运行效果。

特别提示

注意事项:你所申请的域名和空间是免费的,还是收费的。

任务评价

评价项目		评价要素	
购买空间及域名		免费	
		收费	

相关知识

本任务所涉及的知识点如下：

1. 购买空间、域名
2. 申请 ICP 备案
3. 上传网站
4. 按 F4 打开“站点管理器”
5. 填写站点名称
6. 链接虚拟主机
7. 把 wordpress 源程序解压后上传到网站根目录
8. 域名解析
9. 把域名绑定到空间

任务5 网站维护

任务描述

一个正常的网站需要定期或不定期地进行内容更新，才能不断地吸引更多的浏览者以及增加访问量。网站维护是为了让您的网站能够长期稳定地运行在 Internet 上。

任务目标

- 能对服务器及相关软硬件进行维护，对可能出现的问题进行评估，制定响应时间
- 能对数据库进行维护
- 能对网站内容及时进行更新、调整
- 能制定相关网站维护的规定，将网站维护制度化、规范化
- 能做好网站安全管理，防范黑客入侵网站

任务分析

网站维护包括：网站策划、网页设计、网站推广、网站评估、网站运营、网站整体优化。网站建设商以客户需求和网络营销为导向，结合自身的专业策划经验，协助不同类型的企业，在满足企业不同阶段的战略目标和战术要求的基础上，为企业制定阶段性的网站规划方案。

任务实施

一、任务准备

网站已成功发布并且开始运行;网站维护需要网站程序员、编辑人员、图片处理人员、网页设计师及服务器维护专业人员。

二、任务实施

1. 对服务器及相关软硬件进行维护

(1)服务器软件维护

包括服务器、操作系统和 Internet 链接线路等,以确保网站 24 小时不间断地正常运行。

(2)服务器硬件维护

计算机硬件在使用中时常会出现一些问题,同样,网络设备也影响企业网站的工作效率。网络设备管理属于技术操作,非专业人员的误操作有可能导致整个企业网站的瘫痪。维护操作系统的安全必须不断地留意相关网站,及时为系统安装升级包或者打上软件补丁。

2. 对数据库进行维护

有效地利用数据库是网站维护的重要内容,因此数据库的维护要受到应有的重视。

3. 对网站内容及时进行更新、调整

对于网站来说,只有不断地更新内容,才能保证网站的生命力,否则网站不仅不能起到应有的作用,反而会对单位自身形象造成不良影响。网站的建设单位可以考虑从以下五个方面入手,以使网站顺利地运转。

(1)在网站建设初期,就要对后续维护给予足够的重视,要保证网站后续维护所需资金和人力。

(2)要从管理制度上保证信息渠道的通畅和信息发布流程的合理性。

(3)在建设过程中要对网站的各个栏目和子栏目进行尽量细致的规划,在此基础上确定哪些是经常要更新的内容,哪些是相对稳定的内容。

(4)对经常变更的信息,尽量采用结构化的方式(如建立数据库、规范存放路径)管理,以避免数据杂乱无章的现象。

(5)选择合适的网页更新工具。信息收集起来后如何“写到”网页上去,采用不同的方法,效率也会大不相同。

4. 制定网站维护的相关规定,将网站维护制度化、规范化

(1)对留言板进行维护

网站制作好留言板或论坛后,要经常维护,总结意见。我们必须对别人提出的问题及时进行分析总结,一方面要尽可能快速答复;另一方面要记录下来进行改进。

(2)对客户的电子邮件进行维护

所有的企业网站都有自己的联系页面,通常是管理者的电子邮件地址,经常会有一些信息会发到邮箱中,对访问者的邮件要答复及时。最好是在邮件服务器上设置一个自动

回复的功能，这样能够使访问者对站点的服务有一种责任感，然后再对用户的问题进行细致地解答。

(3)维护投票调查的程序

部分企业网站上有一些投票调查的程序，用来了解访问者的喜好或意见。我们一方面要对已调查的数据进行分析；另一方面，也可以经常变换调查内容。

5. 做好网站安全管理，防范黑客入侵网站

当前，随着网络黑客人数日益增长和一些入侵软件盛行，网站的安全日益遭到挑战；如 SQL 注入、跨站脚本、文本上传漏洞等，相应地网站安全维护也成为日益重视的模块。网站安全的隐患主要是源于网站存在漏洞，而世界上不存在没有漏洞的网站，所以网站安全维护关键在于及早发现漏洞和及时修补漏洞。

三、任务检测

1. 对可能出现的问题进行评估，并且制定响应时间。
2. 经常检查网站的各个功能，看链接是否有错误。

任务评价

评价项目		评价要素	
网站维护		维护的时效性	
		维护的效果	
		访问者的评价	

相关知识

本任务所涉及的知识点如下：

1. 对服务器及相关软、硬件进行维护
2. 对数据库进行维护
3. 对网站内容及时进行更新、调整
4. 制定网站维护的相关规定，将网站维护制度化、规范化
5. 做好网站安全管理，防范黑客入侵网站

单元小结

本单元主要介绍网站规划与设计的 5 大环节，即站点规划阶段、设计阶段、开发阶段、发布阶段与维护阶段，以及各个阶段包含的具体任务和要点。通过本单元的学习，让学生从整体上对网站规划与设计工作所需要的知识与技能有全面的认识和了解，初步培养学生具备一定的网站开发基本知识及相关的职业能力。

综合测试

一、填空题

1. 网站开发流程的5个阶段是 ________、________、________、________、________。

2. 一个完整的域名应该由________或________部分组成，最右边的部分称为________域名。

3. ISP就是为用户提供Internet ________和Internet ________的________。

4. 上传网页常用的工具有________、________、________。

5. 网站维护是为了让您的________能够________运行在________上。

二、选择题

1. 在网站中命名时不应遵循的规则是(　　)。
   A. 可以使用小写英文名称(或用汉语拼音代替)
   B. 中间可以有空格
   C. 可以包含数字
   D. 可以使用下画线

2. 任何域名都是由英文字母和数字组成，各部分之间用英文的(　　)来分隔。
   A. “.”　　B. “,”　　C. “。”　　D. “:”

3. ISP(因特网服务提供商)能提供的服务包括(　　)。
   A. 拨号上网服务　　B. 网上浏览
   C. 下载文件　　D. 收发电子邮件

4. 网站发布需经过(　　)步骤。
   A. 购买域名空间　　B. 申请ICP备案
   C. 网站源程序上传　　D. 域名解析、域名绑定

5. 网站维护的内容包括(　　)。
   A. 对服务器及相关软硬件进行维护　　B. 对数据库进行维护
   C. 对网站内容及时进行更新、调整　　D. 做好网站安全管理，防范黑客入侵

三、简答题

1. 站点规划的内容包括哪些方面？
2. 在设计页面版式时应注意哪些问题？
3. 为什么要对网站内容进行及时更新和调整？

单元二　网站的安装与配置

单元概述

Windows Server 2003 是服务器级的操作系统，它所提供的服务与功能，比之前其他版本的操作系统更强大，而且对于安全方面亦有了更加严密的防护措施，让管理员可以更加轻松地胜任网络管理工作。本单元将主要介绍网站建设的基本流程、Windows Server 2003 操作系统的安装过程，以及在 Windows Server 2003 系统下如何配置 Web 服务器、FTP 服务器和 DNS 服务器的基本过程。通过本单元的学习使读者能达到自行构建简单网站的水平。

单元目标

- Windows Server 2003 的安装步骤及过程
- Windows Server 2003 中 WWW 服务器的配置方法
- Windows Server 2003 中 FTP 服务器的配置方法

任务1 Windows Server 2003 的安装

任务描述

Windows Server 2003 是 Microsoft 针对企业客户开发的服务器操作系统，是在 Windows Server 2000 的基础上开发的、基于 Windows NT 内核的操作系统。本任务将以 Windows Server 2003 Enterprise Edition 版本为例，详细讲述 Windows Server 2003 的安装过程。

任务目标

● 能够自己动手安装 Windows Server 2003

任务分析

在开始安装 Windows Server 2003 之前，为保证安装的顺利和成功，并且保证系统安装后能够顺畅地运行，建议硬件符合下列最低需求：450 MHz PentiumⅢ或更高的微处理器。推荐最小 256 MB 内存（最大 64 GB），4 GB 以上可用的硬盘空间。

任务实施

一、任务准备

除了要满足最低硬件配置需求外，还要考虑硬件和软件是否与 Windows Server 2003 兼容，虽然 Windows Server 2003 提供即插即用功能，但是并不是所有的硬件 Windows Server 2003 都能够自动安装其驱动程序。所以在安装 Windows Server 2003 之前，建议事先准备好支持 Windows Server 2003 的硬件驱动程序，尤其是显卡和声卡的驱动程序。

二、任务实施

Windows Server 2003 的具体安装过程如下：

1. 将 Windows Server 2003 安装光盘放入光驱，并且确定将系统的启动顺序设为 CD－ROM 优先启动。重新启动系统，看到如图 2.1 所示的界面后，按任意键启动 Windows Server 2003 安装程序。

```
Press any key to boot from CD...._
```

图 2.1　光盘启动界面

该界面在安装过程中会多次出现,但只有在第一次出现时按任意键启动 Windows Server 2003 的安装程序;在之后的安装过程中再次出现时,不应有任何操作,否则将重复启动 Windows Server 2003 的安装程序,这也是初学者极易犯的错误。

2. 按任意键后,安装程序将自动检测本地计算机的硬件配置,然后开始安装程序文件和驱动程序文件。在出现如图 2. 2 所示的界面时,按 Enter 键开始安装 Windows Server 2003。

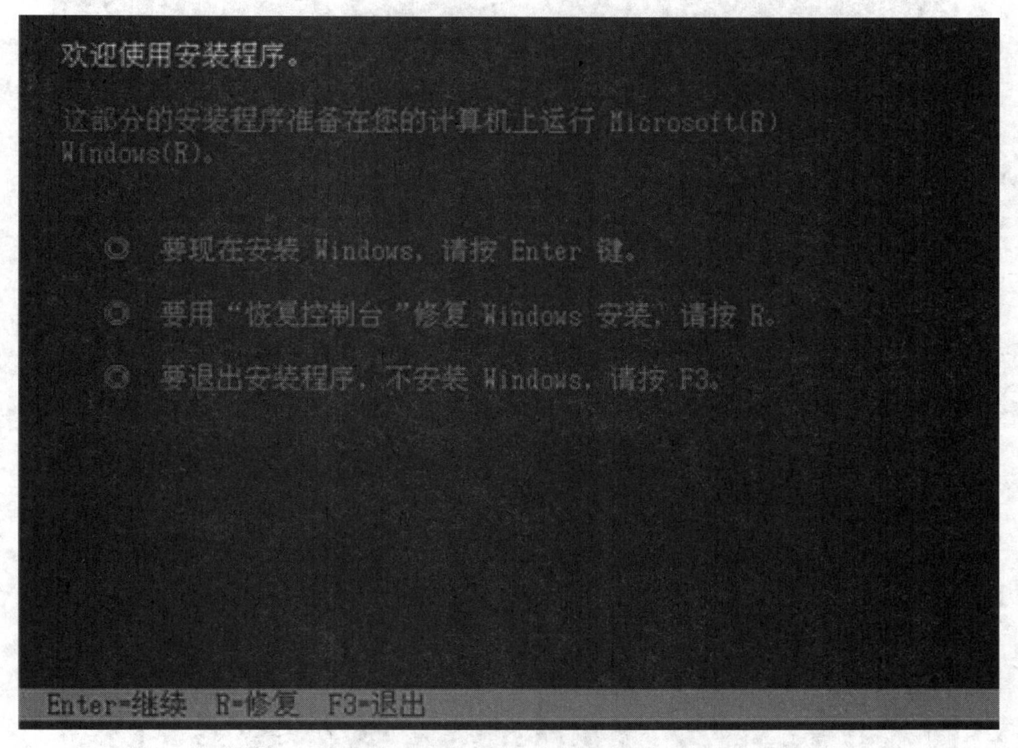

图 2.2　Windows Server 2003 安装界面

3. 在按下 Enter 键后,会出现如图 2. 3 所示的 Windows Server 2003 许可协议界面,请仔细阅读许可协议,在确认后按 F8 接受许可协议条款并继续程序的安装。

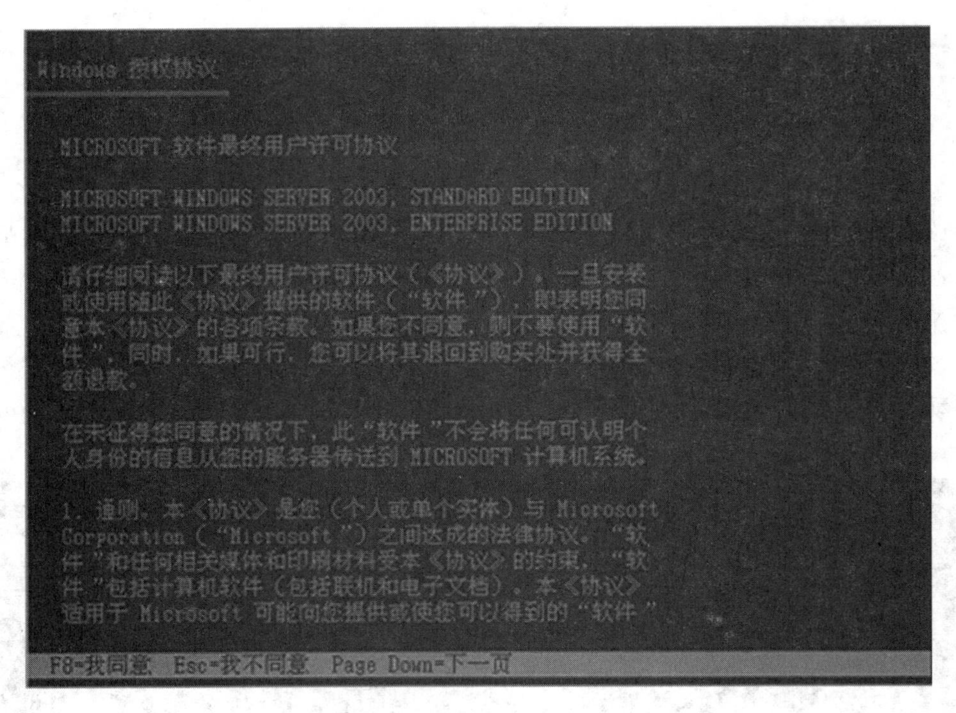

图 2.3 Windows Server 2003 许可协议界面

4. 在按 F8 键后，会出现如图 2.4 所示的 Windows Server 2003 的磁盘分区界面，如果我们是在一块新的硬盘上安装 Windows Server 2003，则会出现和图 2.4 一样的情况，整个磁盘的容量显示为未划分的空间，这时我们可以按 C 键来创建磁盘分区。如图 2.5 所示。

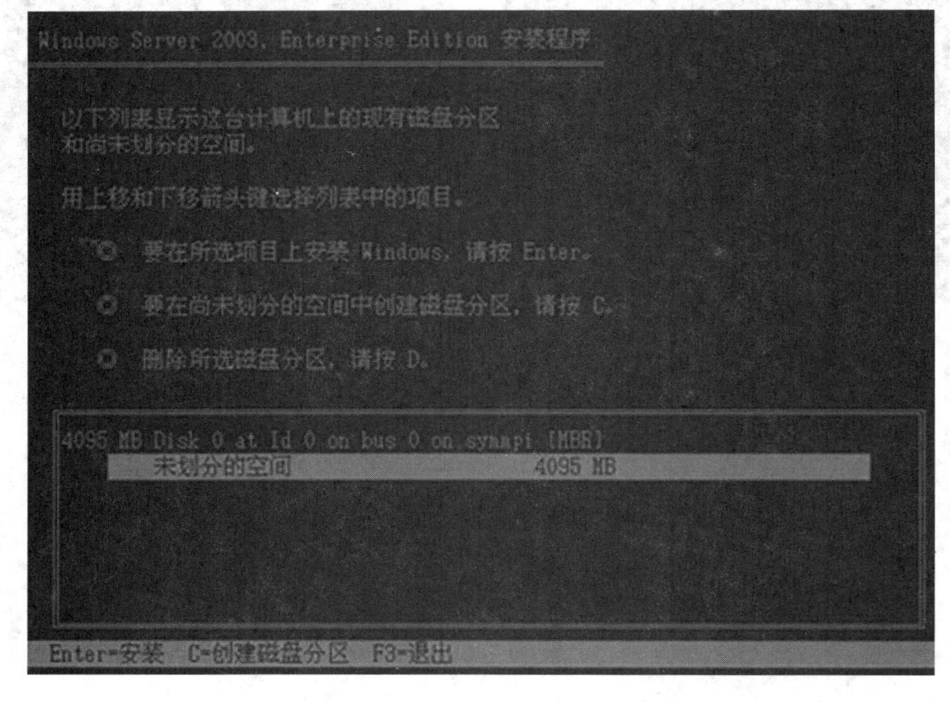

图 2.4 Windows Server 2003 磁盘分区界面

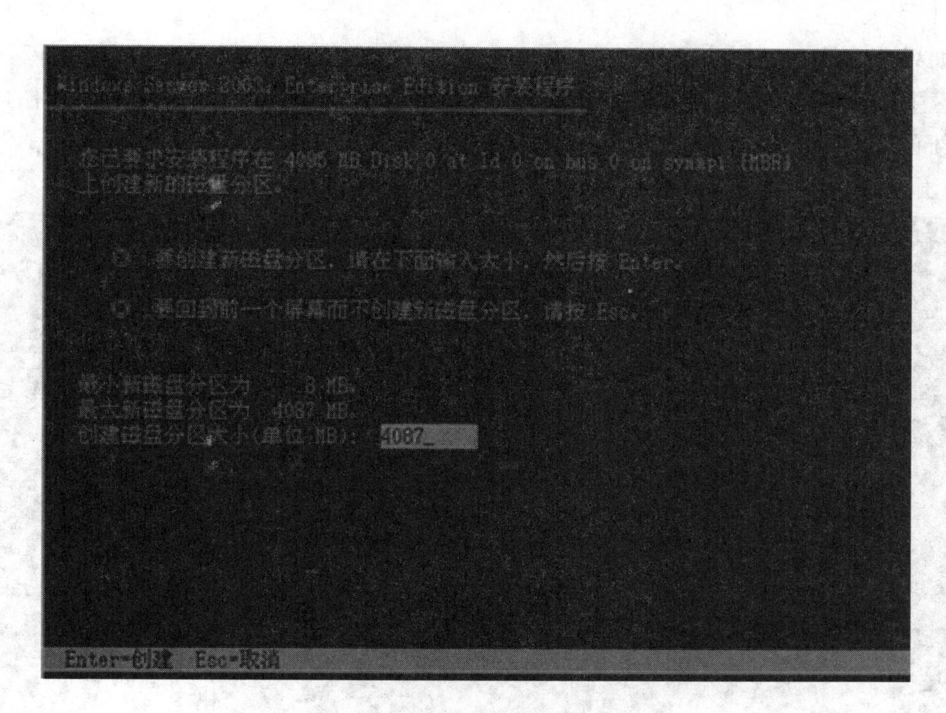

图 2.5 创建磁盘分区

5. 创建磁盘分区(单位 MB):输入要创建的分区大小,输入完毕后按 Enter 键确认分区的建立,重复上面的步骤建立其他分区,分区的数量和大小,读者可以根据自身的硬盘大小合理确定,创建完后的效果如图 2.6 所示。

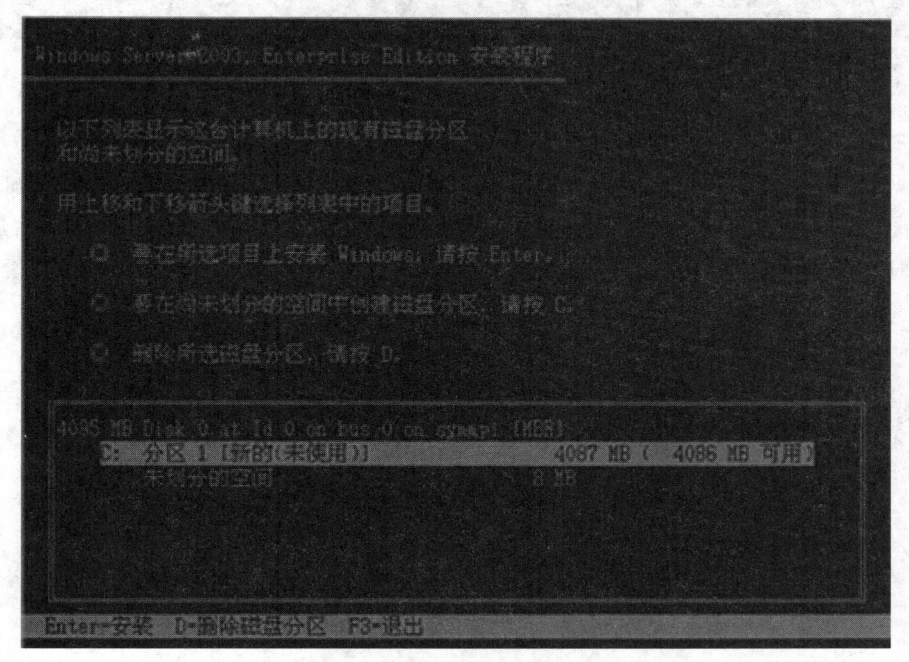

图 2.6 分区划分完成

如果在一块已经划分过分区的磁盘上安装系统，读者若想重新分区可将光标移到原有分区上按 D 键，根据提示删除原有分区。将原有分区删除完毕后再按上面介绍的步骤创建新的分区。分区创建完成后，将光标定位到 C:，按 Enter 键安装 Windows Server 2003，出现如图 2.7 所示的文件系统选择界面。

图 2.7　文件系统格式化选择界面

6. 在图 2.7 中显示了两种文件系统，建议大家选择 NTFS 文件系统，将光标定位到“用 NTFS 文件系统格式化磁盘分区”后按 Enter 键，进行磁盘格式化和复制文件，如图 2.8 和图 2.9 所示。这时我们不必进行干涉，系统会自动进行操作，系统自动重启后进入如图 2.10 所示界面。

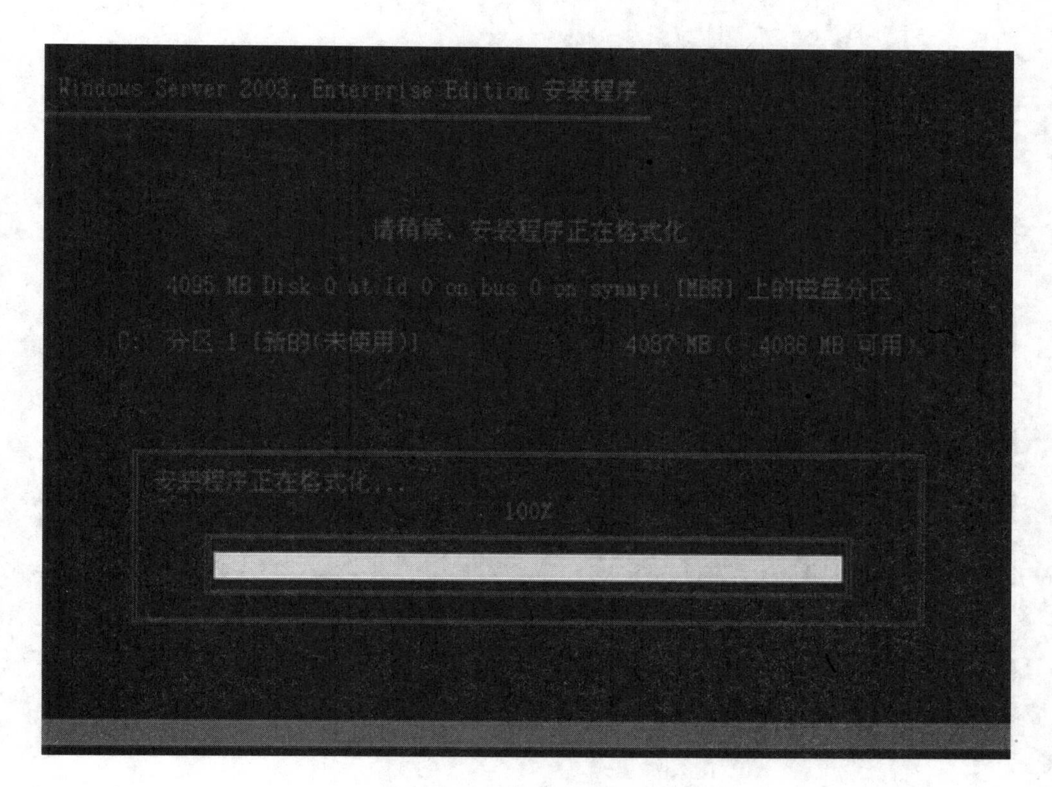

图 2.8 格式化界面

图 2.9 复制文件界面

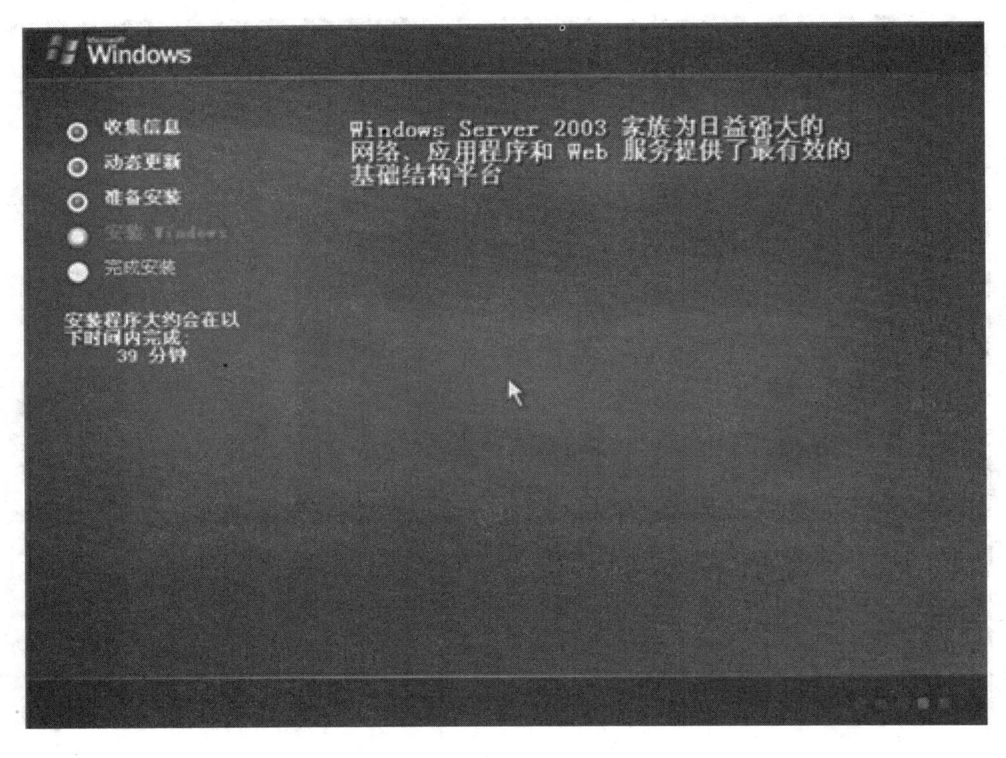

图 2.10　安装向导界面

7. Windows Server 2003 安装程序会自动进行安装，出现图 2. 11 所示的区域和语言选项对话框。在出现“区域选项”对话框时，可根据个人需要为 Windows Server 2003 安装自定义区域设置、数字格式、货币、时间、日期和语言；设置完后单击“下一步”。

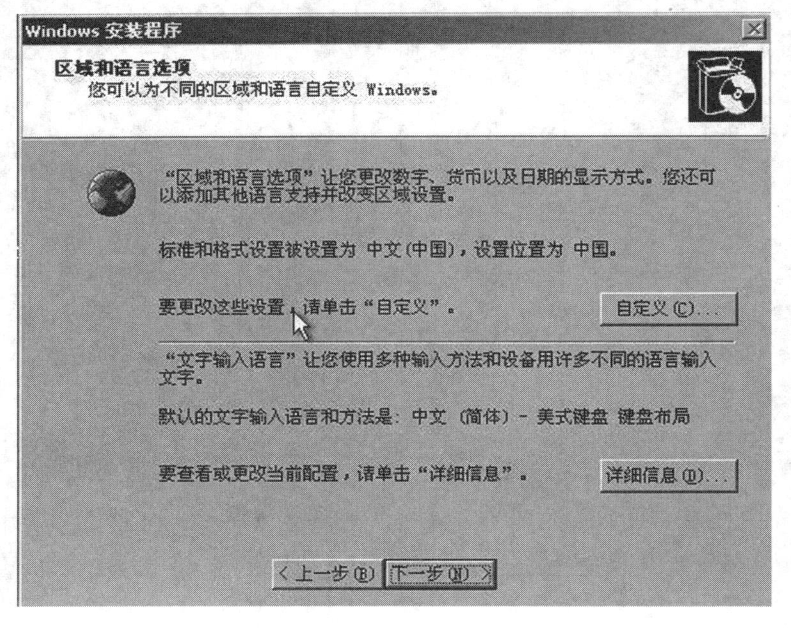

图 2.11　区域和语言选项

8. 在如图 2.12 所示的“自定义软件”对话框中，键入用户的姓名和单位名称，输入完成后单击“下一步”。

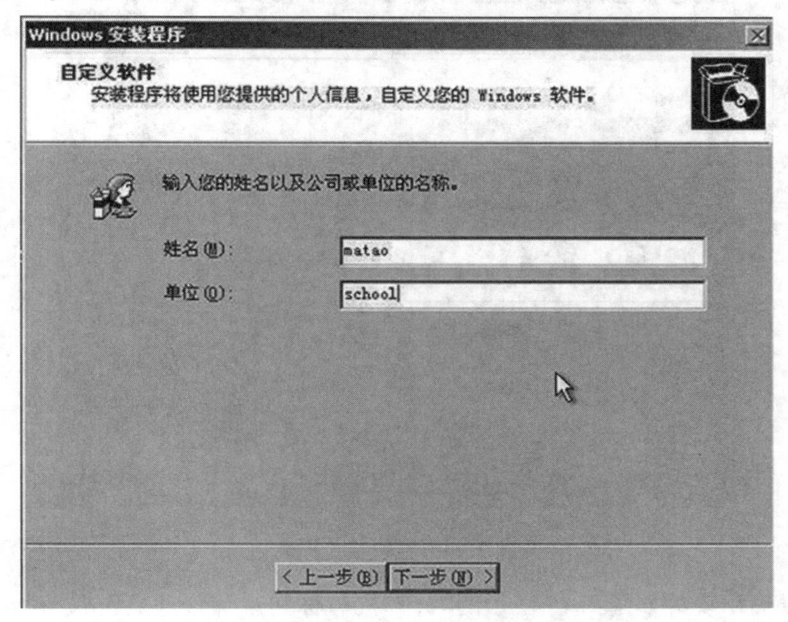

图 2.12 自定义软件界面

9. 在随后出现的如图 2.13 所示的“产品密钥”对话框中，键入 25 个字符的产品密钥，完成后单击“下一步”。

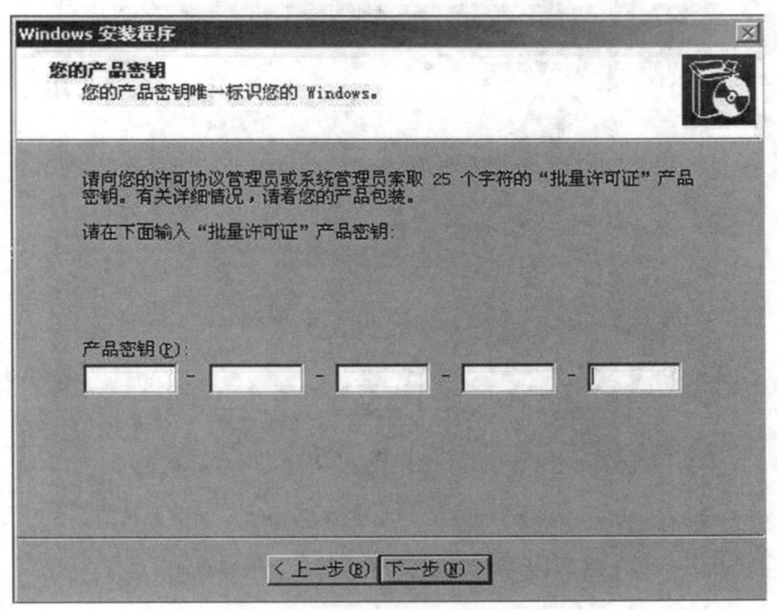

图 2.13 产品密钥界面

10. 在随后出现的如图 2.14 所示的“授权模式”界面中，用户可自定义每台服务器允许同时链接的主机数,设置完成后单击“下一步”。

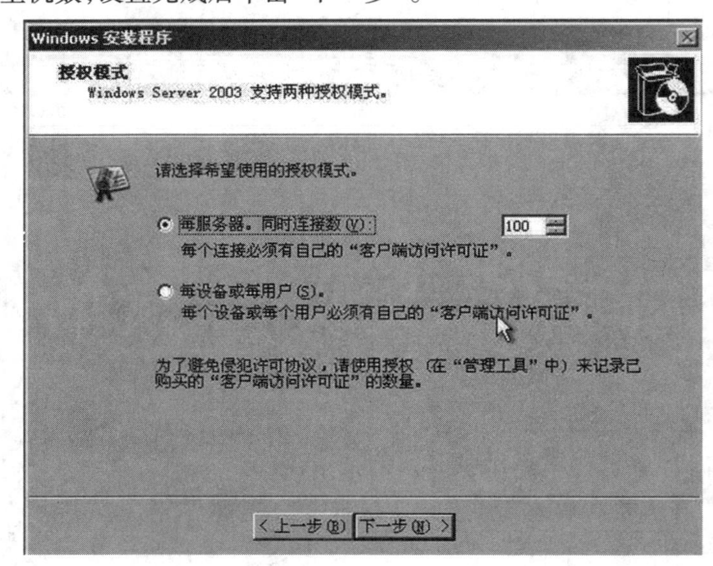

图 2.14　授权模式界面

11. 在随后出现的如图 2.15 所示的“计算机名称和系统管理员密码”对话框中,用户可自行设定计算机名称和管理员密码。需要注意的是,作为服务器管理员的密码必须设定,并且要求符合密码复杂性要求,即密码中包含文字、字母、数字和不规范字符,以保证服务器的安全。设置完毕后,单击“下一步”。

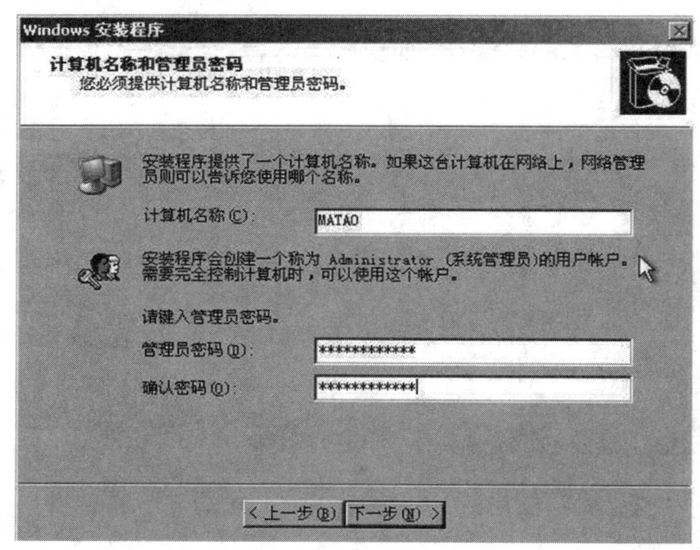

图 2.15　计算机名和系统管理员密码界面

12. 在随后出现的如图 2.16 所示的“日期和时间设置”对话框中,设置系统的时间和日期,然后单击“下一步”按钮。

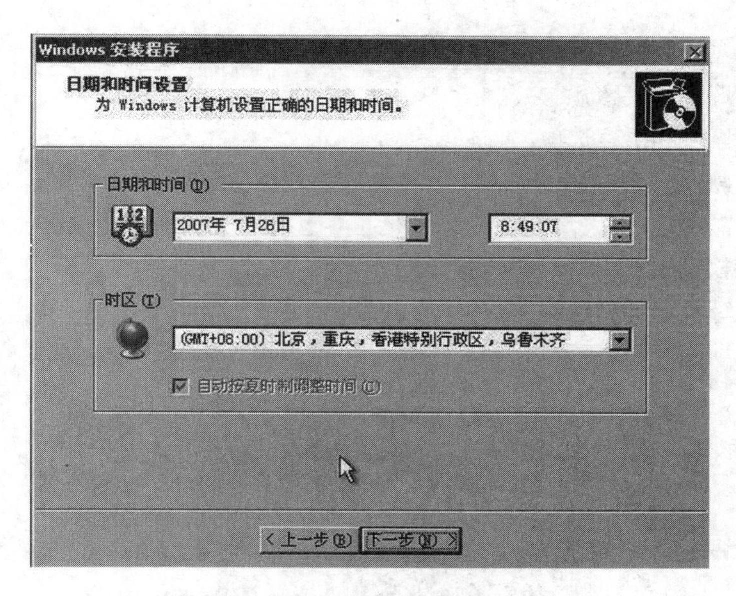

图 2.16　日期和时间设置界面

13. Windows Server 2003 安装程序将自动完成剩余的安装工作，当安装程序询问网络设置时，选择默认设置即可。安装完成后，进入 Windows Server 2003 后的界面如图 2.17 所示，这表明 Windows Server 2003 系统安装完成。

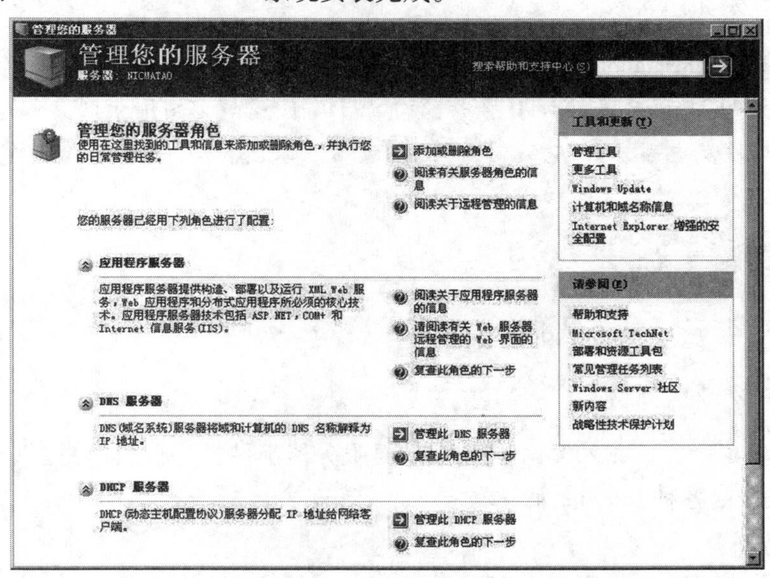

图 2.17　Windows Server 2003 系统界面

三、任务检测

安装完成后，检查是否出现图 2.17 所示的 Windows Server 2003 系统安装完成界面。

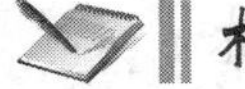

相关知识

本任务所涉及的知识点有以下八个方面：

1. 创建磁盘分区并且合理确定其大小
2. 选择 NTFS 文件系统
3. 自定义区域和语言选项
4. 自定义软件界面
5. 输入产品密钥
6. 选择授权模式
7. 设定计算机名称和管理员密码
8. 设置日期和时间

任务2 IIS的安装

任务描述

IIS(Internet Information Server,互联网信息服务)是一种 Web(网页)服务组件,其中包括 Web 服务器、FTP 服务器、NNTP 服务器和 SMTP 服务器,分别用于网页浏览、文件传输、新闻服务和邮件发送等方面,它使得在网络(包括互联网和局域网)上发布信息成了一件很容易的事。

任务目标

- 每位同学能独立完成 Windows Server 2003 中 IIS 的安装

任务分析

IIS 是 Windows Server 2003 中的一个重要服务器组件,主要向客户提供集成可靠的、可扩展的、安全的各种 Internet 服务。

一、任务准备

1. 操作系统:Windows Server 2003。
2. 服务器软件:Windows IIS 中的 Web。

二、任务实施

Windows Server 2003 的默认安装不包含 IIS 的内容,我们可通过以下操作完成 IIS 的安装。

1. 打开"控制面板→添加或删除程序",出现如图 2.18 所示的添加或删除程序界面。

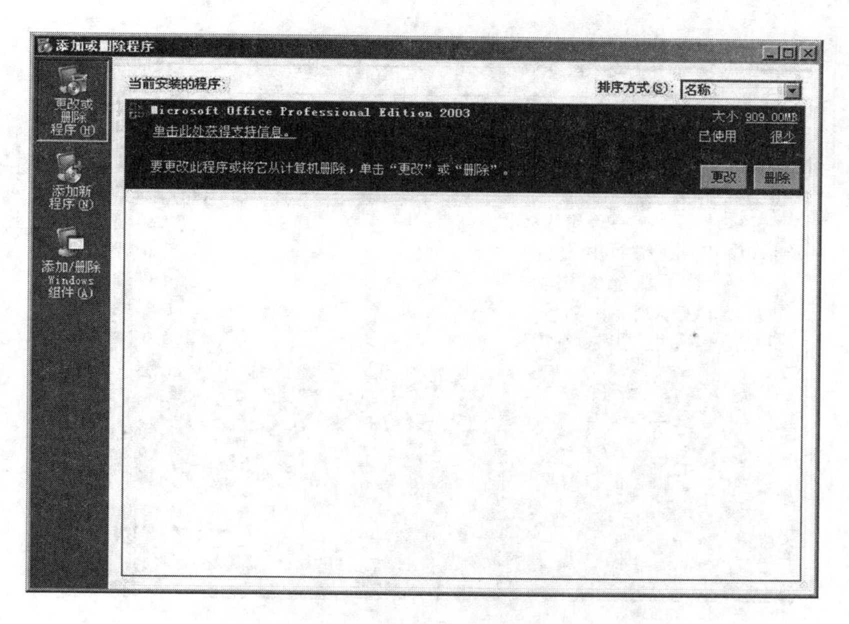

图 2.18 添加或删除程序界面

2. 在图 2.18 所示的界面中选择"添加/删除 Windows 组件(A)"选项,将显示"Windows 组件"对话框,如图 2.19 所示。

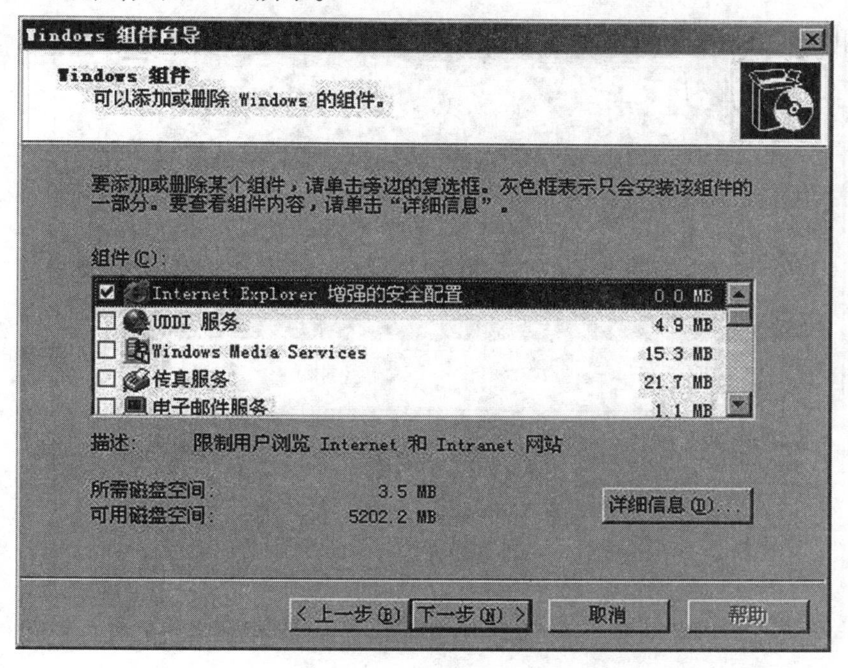

图 2.19 Windows 组件对话框

3. 在 Windows 组件对话框中选择"应用程序服务器"组件,并单击"详细信息"按钮,将显示"应用程序服务器"对话框,如图 2.20 所示。

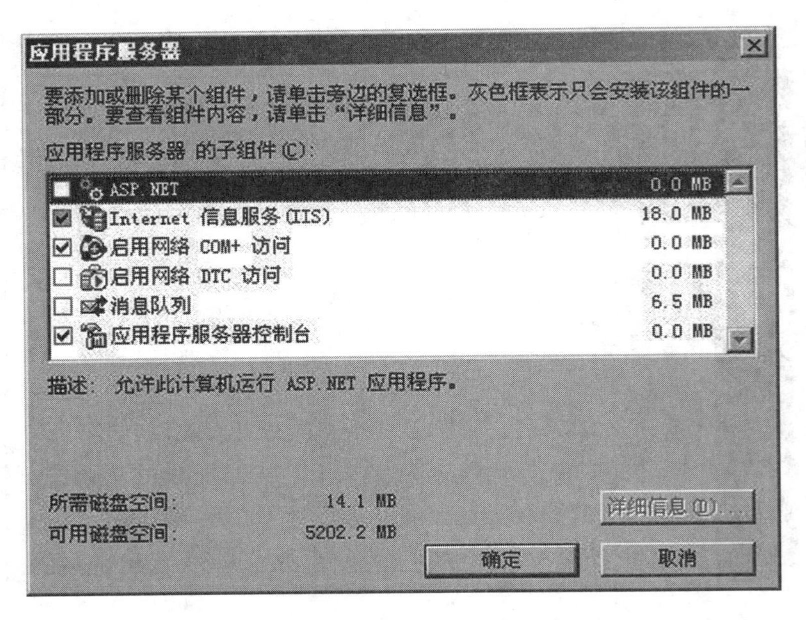

图 2.20　应用程序服务器对话框

4. 在“应用程序服务器”对话框中，选中组件，并单击“详细信息”按钮，将显示“Internet 信息服务(IIS)”对话框。如图 2.21 所示。

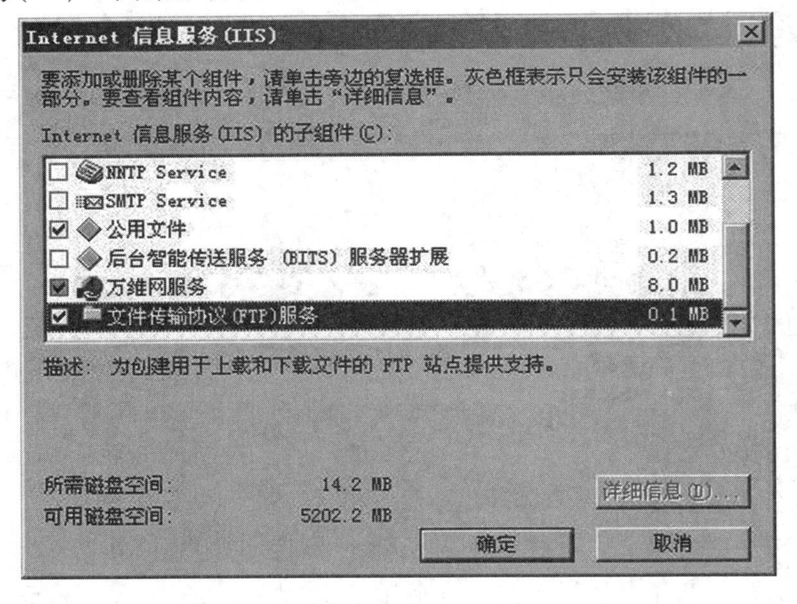

图 2.21　Internet 信息服务(IIS)对话框

5. 在“Internet 信息服务(IIS)”对话框中，默认“文件传输协议(FTP)服务”组件是未被选中的，用户应自行选中。选中该组件后，单击“确定”按钮返回图 2.19 所示的“Windows 组件”对话框，并单击“下一步”按钮。将出现“配置组件”界面，如图 2.22 所示。

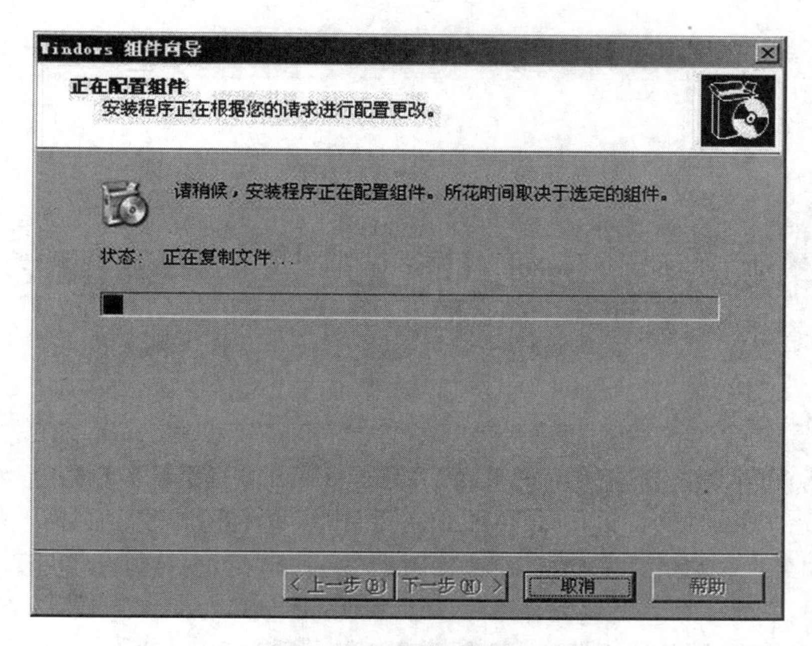

图 2.22 配置组件界面

6. 当组件完成后，用户可打开"控制面板→管理工具→Internet 信息服务(IIS)管理器"，若出现如图 2.23 所示的"Internet 信息服务(IIS)管理器"界面，证明安装成功。

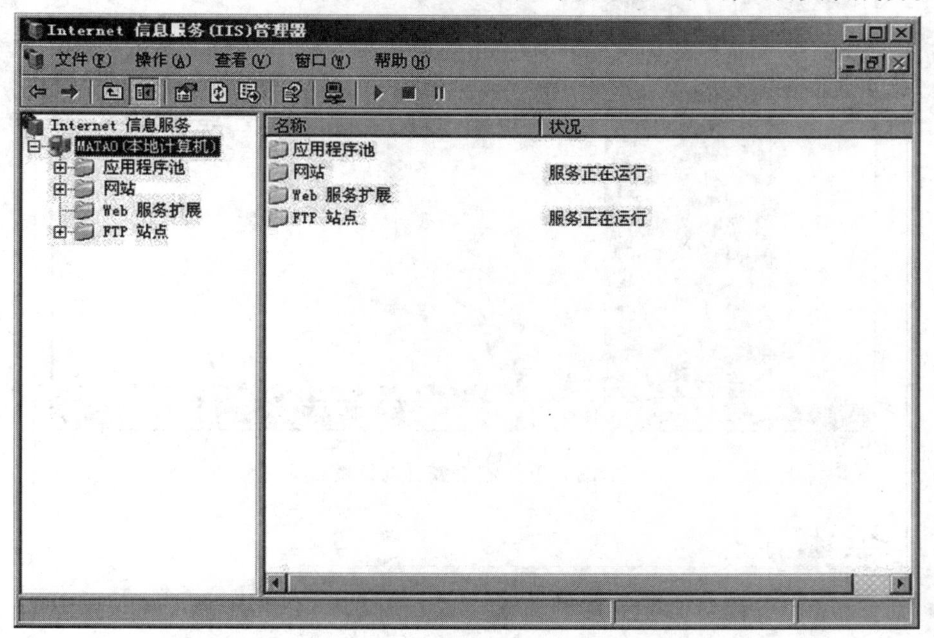

图 2.23 Internet 信息服务(IIS)管理器界面

三、任务检测

在 IIS 安装完成后，打开 IE 浏览器，在地址栏输入"192.168.0.1"之后再按回车键，此时如能够调出你自己网页的首页，则说明设置成功。

任务3 在 IIS 上配置 Web 服务器

任务描述

前面的任务 2 完成后，已经在服务器上添加了 IIS，本次任务是要在 IIS 上配置用户自己的 Web 站点。

IIS 的“属性”对话框中提供了网站的所有设置项目，例如主目录、网站 IP 地址、目录安全等，所以要设置网站，需要先打开网站的“属性”对话框，打开路径如图 2.24 所示。

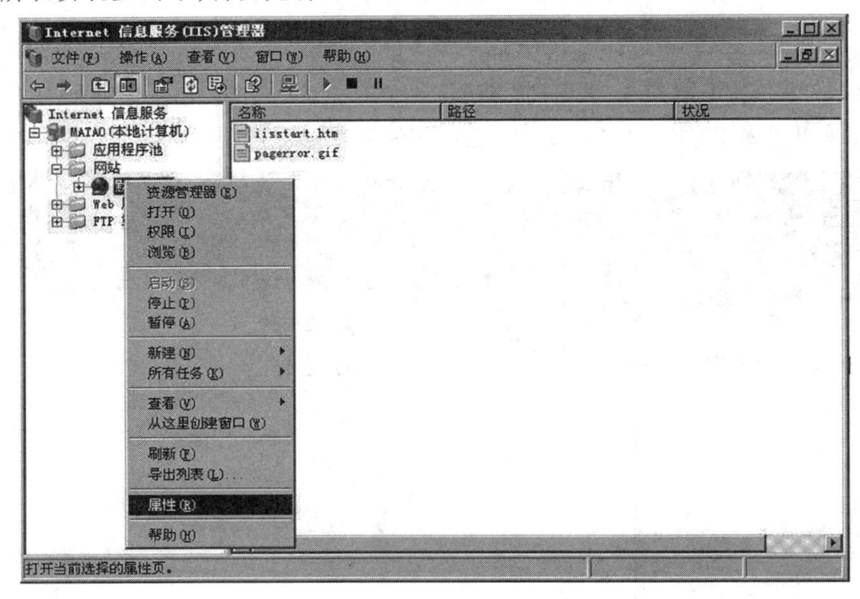

图 2.24　打开属性对话框

任务目标

- 能了解 Windows Server 2003 的网络组件，并进行安装和调试
- 能认识 WWW 服务的工作机制，掌握 WWW 服务的基本设置方法
- 会利用 IIS 组件配置 Web 服务器

任务分析

本任务是在 IIS 上配置 Web 服务器，实施步骤如下：

1. Windows Server 2003 服务器下 WEB 服务器的配置与使用。

2. WEB 服务器的安全设置。

任务实施

一、任务准备

1. 操作系统:Windows Server 2003。

2. 服务器软件:Windows IIS 中的 Web。

二、任务实施

1. 设置网站的 IP 地址

通过图 2.24 所示的路径打开网站的“属性”对话框,首先显示的选项卡为“网站”,如图 2.25 所示。

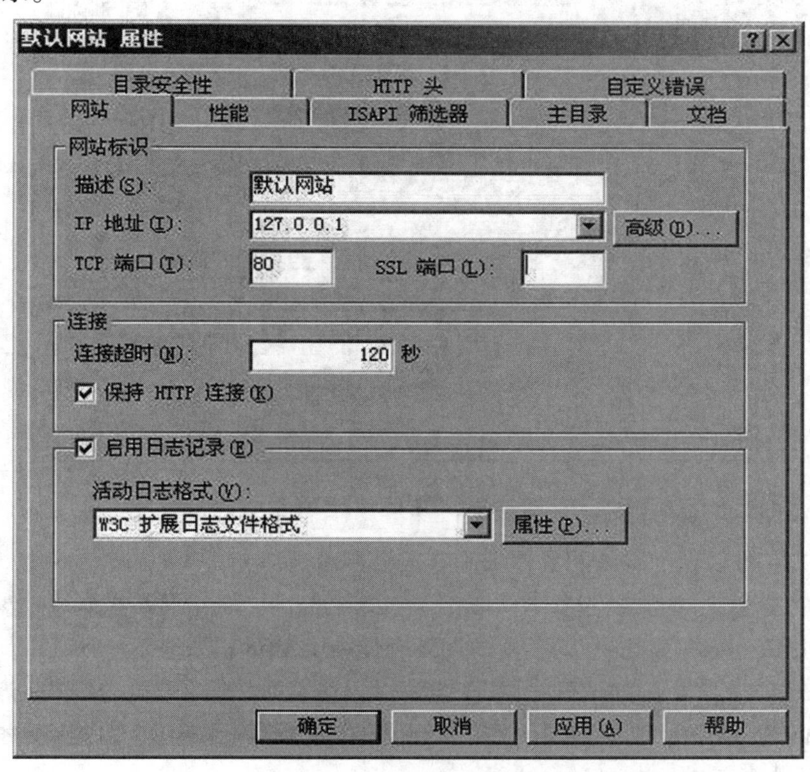

图 2.25 “网站”选项卡

该选项卡中常用的设置项有:

(1)描述:该文本框用于设置网站的名称,当然,该名称并不会被网站的浏览者看到,而只出现在“Internet 信息服务(IIS)管理器”的树状结构中。

(2)IP 地址:用于设置 Web 服务器的 IP 地址。本例中设置的 127.0.0.1 代表本地计算机,主要用于调试使用,在实际应用中应将其替换为实际的 Web 服务器 IP 地址。

(3)TCP 端口:由于 Web 服务器采用 HTTP 协议,所以使用的默认端口为 80,在实际应用中用户也可将其改为 1024~65535 之间的任意未使用的端口号。但改变端口号后,再访问网站时需指定设置的端口号。如将端口改为 8080,在访问时应写为“127.0.0.1:8080”,而采用默认端口时写为“127.0.0.1”即可。

2. 设置主目录

Web 服务器的最基本功能是发布网站。在 Web 服务器的“主目录”选项卡中,可以设置网站文件所在的位置,如图 2.26 所示。

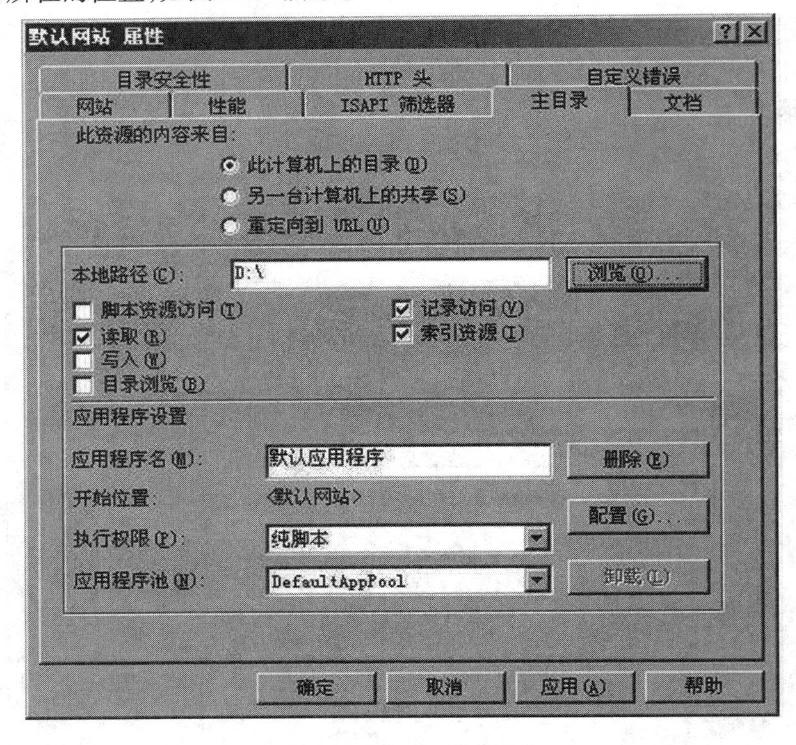

图 2.26 “主目录”选项卡

由图 2.26 可以看到网站的数据来源有三个方面:

(1)此计算机上的目录:选择该选项后,可以将保存在 Web 服务器本地磁盘上的某个目录作为网站的主要资源。本处设置的网站存储在 D 盘的根目录下。

(2)另一台计算机上的共享:选择该选项,其“主目录”选项卡内容与“此计算机上的目录”选项的内容相似,唯一不同的是“本地路径”变为“网络目录”,其目录格式为:“\\{服务器}\{共享名}”。如\\Matao\share。

(3)重定向到 URL:选择该选项后,将出现如图 2.27 所示的界面。

在“重定向”界面中的各选项功能如下:

①重定向到:用于设置导向的目的位置。

②客户端将定向到:用于设置将客户端发送到网站的 URL 中的那些部分截取下来,增加到重定向的网址中。

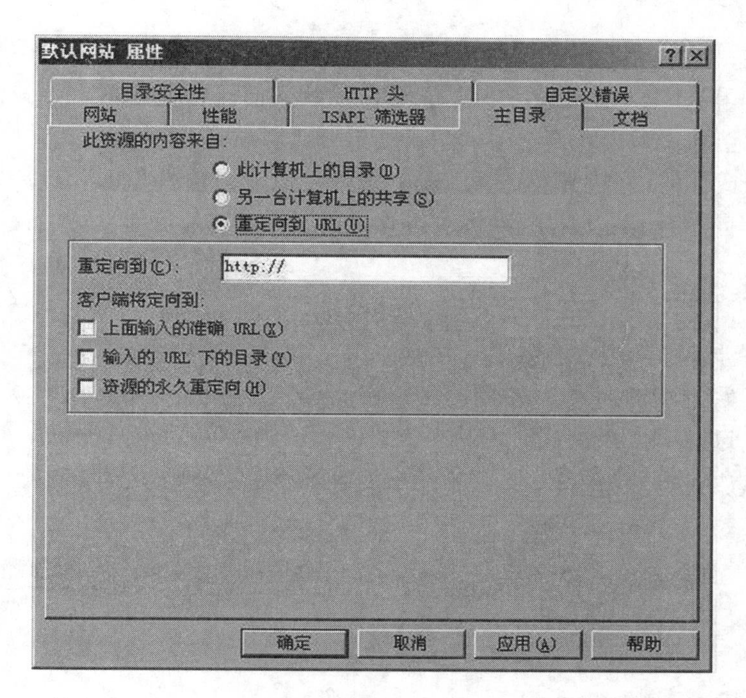

图 2.27 "重定向"界面

3. 指定默认文档

所谓默认文档,就是当用户在地址栏输入域名或 IP 地址后,默认显示的网页页面。如果未指定默认文档,则用户在访问网站时除了需要输入域名或 IP 地址,还需要输入网站首页的文件名。指定文档的选项卡如图 2.28 所示。

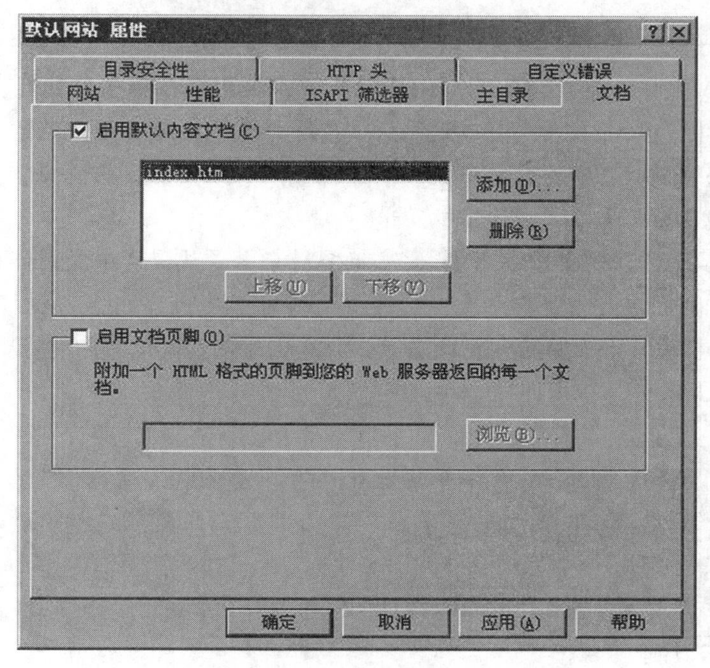

图 2.28 "文档"选项卡

由图 2.28 可以看出,用户可以自行添加或删除默认文档。如果添加了多个文档,可以通过“上移”和“下移”按钮来调整位置,越靠前的文档优先级越高。

三、任务检测

在服务器或任何一台工作站上打开浏览器,在地址栏输入“http://127.0.0.1/main/default.asp”再回车,如果设置正确,就可以直接调出你需要的页面。

相关知识

本任务所涉及的知识点有以下三方面:

1. 设置网站的 IP 地址
2. 设置主目录
3. 指定默认文档

任务 4 在 IIS 上配置 FTP 服务器

任务描述

文件传输协议(FTP)是一个标准协议,可用来通过 Internet 将文件从一台计算机移到另一台计算机。这些文件存储在运行 FTP 服务器软件的服务器上。然后,远程计算机可以使用 FTP 建立链接,并从服务器读取文件或将文件复制到服务器。FTP 服务器与 HTTP 服务器(即 Web 服务器)的类似之处在于,可以使用 Internet 协议与它通信。但是,FTP 服务器不运行网页;它只是与远程计算机发送/接收文件。

Web 网站虽然可以提供文件下载服务,但是用户需要从网络中找到链接地址,才能下载对应的文件,而上传文件功能则需要在网页上编写程序代码才能实现。为方便远程共享文件,大多数管理员会选择启用 FTP 服务,为客户提供远程文件访问功能。

任务目标

使用 IIS 配置 FTP 服务器,具体任务如下:

- 能指定 FTP 站点
- 会设定安全账户
- 会设置用户登录/退出时所显示的信息
- 能设置主目录
- 会设置目录安全性

任务分析

因默认情况下不会在 IIS 上安装 FTP 服务器。因此,若要将 IIS 用作 FTP 服务器,必须安装 FTP 服务器。

任务实施

一、任务准备

熟悉在 IIS 上配置 FTP 服务器的步骤。

二、任务实施

在 IIS 中可以方便地设置 FTP 站点,FTP 配置界面如图 2.29 所示。

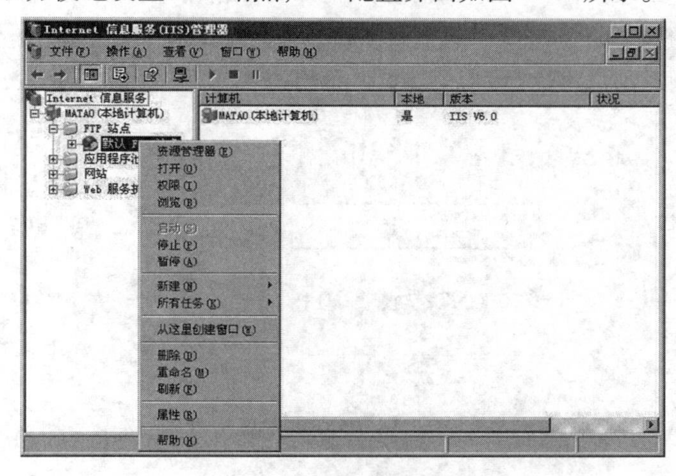

图 2.29 打开 FTP 配置界面

1. 指定 FTP 站点

在图 2.29 中选择“属性”命令,将打开“FTP 站点属性”对话框,如图 2.30 所示。

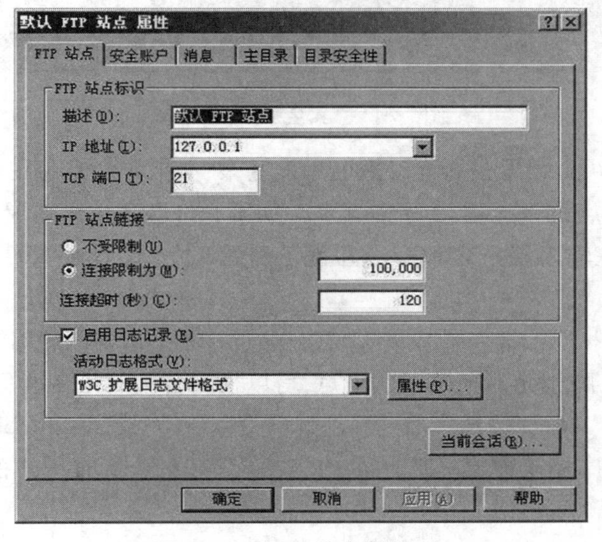

图 2.30 “FTP 站点”选项卡

由图 2.30 可以看到,在“FTP 站点”选项卡中,各设置项的功能如下:

(1)描述:用于设置在 FTP 站点中显示的名称。

(2)IP 地址:用于设置 FTP 服务器为用户提供 FTP 服务器的网络链接。

(3)TCP 端口:用于设置 FTP。使用的 TCP 端口,默认值为 21。

(4)FTP 站点链接:选项组有 3 个选项,“不受限制”指不限制链接数量;“链接限制为”指定同时链接的上限;“链接超时”用于设置链接过了多久没有操作,就判断为超时,由服务器中断链接并释放链接所占用的资源。

2. 安全账户

在“安全账户”选项卡中可以设置允许登录 FTP 站点的用户账号,如图 2.31 所示。

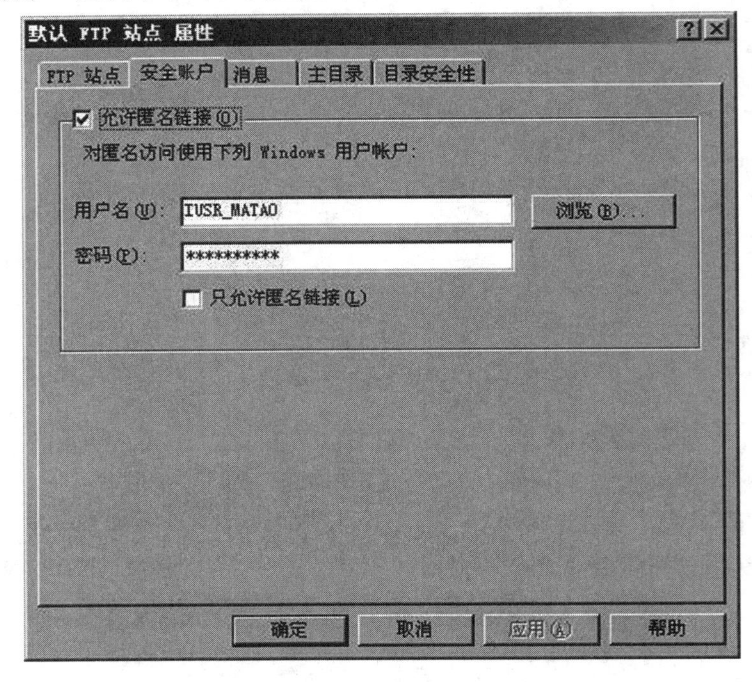

图 2.31 “安全账户”选项卡

在该选项卡中可以设置是否允许匿名用户登录,如果允许匿名用户登录,则用户可以直接登录到 FTP 站点,下载或上传所需文件。如不允许匿名用户登录,则用户必须是本服务器的注册用户,在输入用户名和密码并且正确后,才允许登录 FTP 站点并上传和下载文件。

3. 消息

是设置用户登录/退出时所显示的信息,可以根据自己的爱好填写。

4. 设置主目录

“主目录”选项卡用于设置 FTP 站点内容的保存位置、所有用户的使用权限等,如图 2.32 所示。

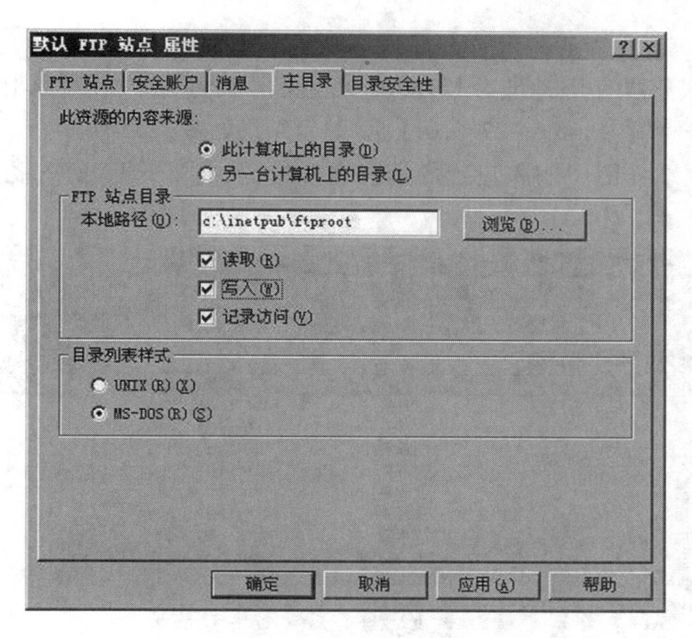

图 2.32 “主目录”选项卡

“此资源的内容来源”有下面两个选项：

(1)此计算机上的目录:选择该选项,表示 FTP 站点内容保存于本地路径内。

(2)另一台计算机上的目录:选择该选项,表示 FTP 站点内容保存于网络中的共享位置。此时,分配给用户的权限有以下三种：

①读取:授予用户查看及下载 FTP 站点内容的权限。

②写入:授予用户上传文件以及删除、修改 FTP 站点内容的权限。

③记录访问:允许用户查阅 FTP 日志记录。

5. 目录安全性

这里,我们可以设置什么 IP 可以访问这个服务器或什么 IP 不可以访问,如果你的 FTP 服务器是内部用的,可以选“拒绝访问”,然后添加可以访问的 IP。

6. 实例

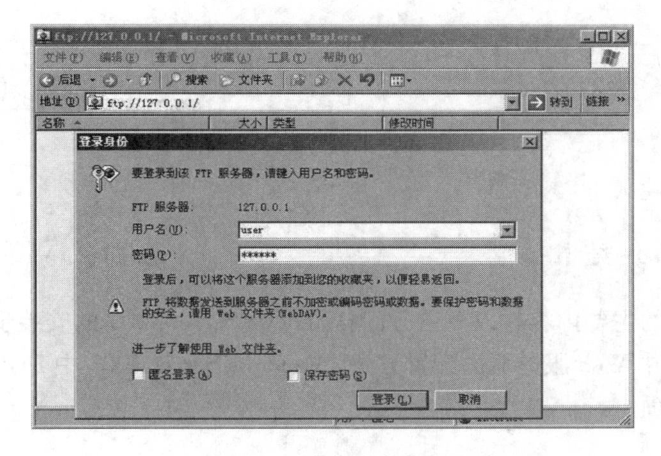

图 2.33 “用户登录”界面

设置 FTP 服务器的 IP 地址为 127.0.0.1,主目录设置为本机 D:盘根目录,不允许匿名登录。在地址栏输入 ftp://127.0.0.1 后,显示结果如图 2.33 所示。

在弹出的登录界面中输入正确的用户名和密码,将登录到 FTP 服务器,效果如图 2.34 所示。

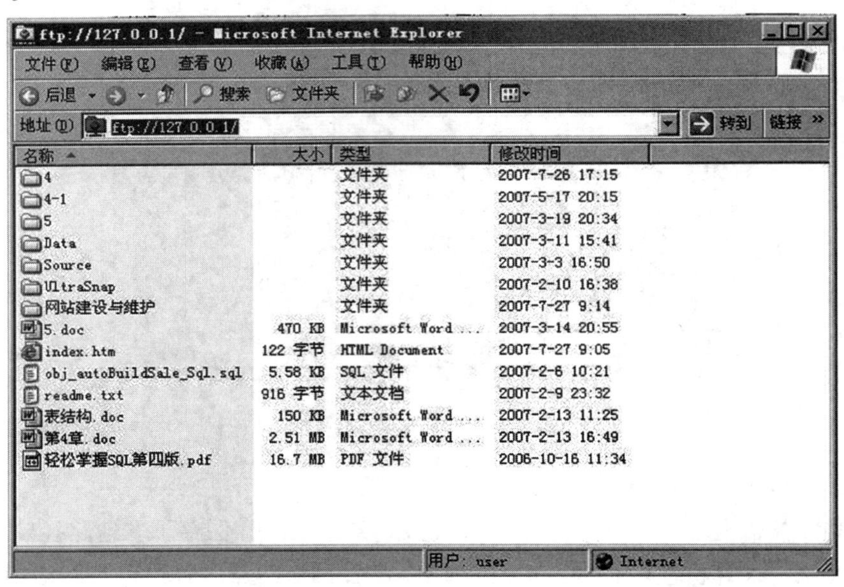

图 2.34　FTP 登录后的界面

登录服务器后,用户可通过复制、粘贴命令上传和下载文件。

三、任务检测

安装过程完成后,就可在 IIS 中使用 FTP 服务。

相关知识

本任务知识点如下:

1. FTP 站点
2. 安全账户
3. 消息
4. 主目录
5. 目录安全性

单元小结

本单元讲述的主要内容有以下三方面:Windows Server 2003 的安装步骤及过程; Windows Server 2003 中 Web 服务器的配置方法; Windows Server 2003 中 FTP 服务器的配置方法及安装注意事项。

综合测试

一、填空题

1. Windows Server 2003 是____________级的操作系统，它所提供的服务与功能，比之前其他版本的操作系统更____________、更____________。
2. 安装 Windows Server 2003 时，除了要满足最低硬件配置需求外，还要考虑____________和____________是否与 Windows Server 2003 兼容。
3. 用户可自行设定计算机名称和管理员密码，并且要求符合密码复杂性要求，即密码中应该包含____________、____________、____________和____________。
4. IIS(互联网信息服务)是一种 Web(网页)服务组件，其中包括____________服务器、____________服务器、____________服务器和____________服务器。
5. 目录安全性是指我们在这里可以设置什么 IP ____________访问这个服务器，或者什么 IP ____________访问这个服务器。

二、选择题

1. 安装 Windows Server 2003 过程中，应在“产品密钥”对话框中键入(　　)个字符。
   A. 10　　B. 15　　C. 25　　D. 20
2. 设置 FTP 站点内容时，其“主目录”选项卡中“此资源的内容来源”选项，若选择“另一台计算机上的目录”，分配给用户的权限是(　　)。
   A. 读取　　B. 写入　　C. 记录访问　　D. 读写
3. FTP 站点链接的选项组有(　　)选项。
   A. “不受限制”　　B. “链接限制为”
   C. “链接超时”　　D. “链接不超时”
4. 安装 Windows Server 2003 时，可以选择的文件系统有(　　)。
   A. NTFS　　B. FAT16　　C. FAT32　　D. FAT64
5. 在 IIS 安装完成后，打开 IE 浏览器，在地址栏输入(　　)之后再按回车键，此时如能够调出你自己网页的首页，则说明设置成功。
   A. 192.168.0.1　　B. 192.168.10.1　　C. 192.168.1.0　　D. 192.168.1.1

三、简答题

安装 Windows Server 2003 时，最好选择哪个文件系统格式化硬盘？为什么？

单元三　网页设计基础

单元概述

网页设计基础是指利用HTML语言中提供的各种标记符和属性来编写网页文件、设计网页特效，其中包括设计文本格式、表格、插入图像、创建框架、创建超链接、设计表单等内容。学生学习本单元后，可利用HTML语言设计简单的网页，以便对网页的内容与形式有更深入的认识。

任务1 使用 HTML 语言创建基本网页

任务描述

HTML(Hypertext Markup Language)是一种标准规范,它通过标记符(tag)来标记要显示网页的各个部分。用户通过在网页中添加标记符,可以告诉浏览器如何显示网页,即确定内容的格式。浏览器按顺序阅读网页文件(HTML 文件),然后根据内容周围的 HTML 标记符解释和显示各种内容,这个过程叫作语法分析。

任务目标

- 能熟悉 Web 页的基本结构
- 能理解页面背景及页面布局、文本格式、段落格式、列表格式及应用

任务分析

在 HTML 中,所有的标记符都用尖括号括起来。例如 <HTML>。某些标记符,例如换行标记符 <BR>,只要求单一标记符号。但绝大多数标记符都是成对出现的,包括开始标记符和结束标记符。开始标记符和相应的结束标记符定义了标记符所影响的范围。结束标记符与开始标记符的区别是有一个斜线。

我们使用标记符时,对于许多标记符而言,它们还包括一些属性;我们利用这些属性可以对标记符作用的内容进行更详细的控制。属性是用来描述对象特征的特性,例如,一个人的身高、体重就是人这个对象的属性。在 HTML 中,所有的属性都放置在开始标记符的尖括号里。

用字体标记符和字号属性指定文字大小的 HTML 语句如下:

```
<FONT SIZE=1>本行字将以较小字体显示。</FONT>
```

任务实施

一、任务准备

让我们先来熟悉 HTML 语言的基本结构,具体内容如下:

```
<HTML>
<HEAD>
```

<TITLE> </TITLE>

</HEAD>

<BODY>

</BODY>

</HTML>

刚开始学习的时候，我们必须先写好（记住）这个整体结构，然后再往里面添加一些需要的信息即可。

说明：HTML 语言都是以 < >开始，</ >结束，如<HTML>和</HTML>、<HEAD>和</HEAD>、<TITLE>和</TITLE>、<BODY>和</BODY>。

<HEAD>：头信息；

<TITLE>：网页标题，包含在<HEAD>标签里面；

<BODY>：网页正文信息。

以上所有的标签都包含在<HTML>标签里面。

二、任务实施

1. 熟悉 Web 页的基本结构

一个 Web 页实际上对应于一个 HTML 文件，HTML 文件以. htm 或. html 为扩展名。最基本的 HTML 文档包括：HTML 标记<HTML> </HTML>、首部标记<HEAD> </HEAD>，以及正文<BODY> </BODY>。

（1）HTML 标记符

<HTML>和</HTML>是 Web 页的第一个和最后一个标记符，Web 页的其他所有内容都位于这两个标记符之间。这两个标记符告诉浏览器或其他阅读该页的程序，此文件为一个 Web 页。

（2）首部标记符

首部标记符<HEAD>和</HEAD>位于 Web 页的开头，其中不包括 Web 页的任何实际内容，而是提供一些与 Web 页有关的特定信息。

首部标记符中的内容也要用相应的标记符括起来。例如，样式表（CSS）定义位于<STYLE>和</STYLE>之间；脚本定义位于<SCRIPT> </SCRIPT>之间。

在首部标记符中，最基本、最常用的标记符是标题标记符<TITLE>和</TITLE>，用于定义网页的标题。网页标题可被浏览器用作书签和收藏清单。当网页在浏览器中显示时，网页标题将在浏览器窗口的标题栏中显示。

（3）正文标记符

正文标记符<BODY>和</BODY>包含 Web 页的内容，文字、图形、链接以及其他 HTML 元素都位于该标记符内。正文标记符包括一些常用属性，例如用于设置网页背景色的属性等。正文标记符中的文字，如果没有其他标记符修饰，将以无格式的形式显示。

（4）添加注释

HTML 的注释由开始标记符<! -- 和结束标记符 --> 构成。这两个标记符之间的任何内容都将被浏览器解释为注释，而不在浏览器中显示。

(5)显示特殊字符

如果用户需要在网页中显示某些特殊字符,例如:<(小于号)、>(大于号)、"(引号)等,则需使用参考字符来表示,而不能直接输入。参考字符以"&"号开始,以";"结束,既可以使用数字代码,也可以使用代码名称。

2. 页面背景

(1)背景颜色

在<BODY>标记符中,使用 BGCOLOR 属性可以为网页设置背景颜色。如想为网页设置黑色背景,可使用下面的 HTML 语句:

<BODY BGCOLOR = "black">

(2)背景图案

单纯使用一种颜色作为背景显然有些单调,用户可选择一些淡色调的图案作为页面的背景,方法为:使用 BODY 标记符的 BACKGROUND 属性。HTML 语句为:

<BODY BACKGROUND = "image. gif">

注意:BACKGROUND = 后包含的图像文件必须存在,通常应位于网站目录的 Image 子目录下。由于使用的是相对路径,只需直接输入"Image/image. gif"即可。

如果在当前目录的 Image 子目录下包含一个 background. jpg 的图像文件,则可以使用以下语句将其设置为背景图案:

<BODY BACKGROUND = "Image/background. jpg">

(3)正文字符和链接的颜色

在设置了背景图案或背景颜色后,常常需要更改正文字符和链接的颜色,以便与背景相适应。在将背景设置为深色图案或颜色时,就需要将正文颜色设置为浅色。

3. 页面布局与文本格式

(1)字符格式

①常用物理字符样式

常用的设置物理字符样式的标记符有:黑体标记<B></B>、斜体标记<*I*></*I*>、下划线标记<U></U>等。使用这些物理字符样式时,只需将设置格式的字符括在标记符之间即可。

② FONT 标记符

<FONT>标记符有三个常用的属性:SIZE、COLOR 和 FACE。

SIZE 属性:字号属性的值可以从 1 到 7,3 是默认值。该属性值也可以用 + 号或 - 号来作为相对值指定。

COLOR 属性:字体标记符的 COLOR 属性可用来控制文字的颜色,它的使用方法与正文标记符<BODY>中使用的 BGCOLOR 属性相同。用户可以使用颜色名称或十六进制值指定颜色。

FACE 属性:字体标记符的另外一个属性是 FACE,用来指定字体样式。字体样式也就是通常所说的"字体"。当浏览器解析字体标记符时,会尽量使用列表中指定的第一个字体显示标记符内的文字。

用户在使用字体时应注意的问题：

a. 使用几种字体的列表而不要只使用一种字体，以增加浏览器找到匹配字体的机会。

b. 使用目标浏览器平台常见的字体。例如：绝大多数计算机都至少安装了 Times 或 Courier 字体，而运行 Windows 的计算机也安装 Arial 字体。如果无法确定目标浏览器中有什么字体，则应尽量少使用特殊字体设计 Wed 页。

c. 在字体列表中使用几个相类似的字体，这样 Wed 页无论使用哪一种字体显示都很相似。

d. 用列表中的每一个字体以及用浏览器的默认字体测试 Wed 页，并经常在多个平台上用多个浏览器测试。

(2)逻辑字符样式

在 HTML 中，用户可以通过 <Hn> 标记符来标识文档中的标题和副标题，其中 n 是 1 ~ 6 的数字；<H1>表示最大的标题，<H6>表示最小的标题。使用标题样式时，必须使用结束标记符。

4. 段落格式

(1)分段与换行

①分段标记符

分段标记符用于将文档划分为段落，标记为 <P> </P>，其中结束标记符通常可省略。

②换行标记符

换行标记符用于在文档中强制断行，标记为一个单独的
。该标记与分段标记符 <P> 有所区别。

③添加水平线

添加水平线的标记符为 <HR>，它包括 SIZE、WIDTH、NOSHADE 等属性。

SIZE 属性：通过 SIZE 属性可以改变水平线的粗细程度。SIZE 属性设置成为一个整数，它表示像素为单位的该线的粗细程度，粗细程度的缺省值是 2。

WIDTH 属性：用户还可通过在 <HR> 中加入 WIDTH 属性来更改水平线的长度。WIDTH 的设定值即可是以像素为单位的该线的长度，也可是所占浏览器窗口宽度的百分比。

NOSHADE 属性：在多数浏览器中，由 <HR> 生成的水平线将以一种加阴影的 3D 线的形式显示出来。但有时我们宁愿使用一条简单的黑线，此时就需在 <HR> 标记中增加 NOSHADE 属性。

COLOR 属性：通过在 <HR> 中设置 COLOR 属性可以控制水平线的颜色。例如，要生成一条红色的水平线，则 HTML 代码如下：

<HR COLOR = “red”>

(2)段落对齐

①DIV 标记符

DIV 标记符用于为文档分节，以便为文档的不同部分采用不同的段落格式，其标记为

<DIV> </DIV>。不带任何属性的 DIV 标记符不做任何工作,DIV 标记符要与 ALIGN 等属性联合使用。

ALIGN 属性:用于设置段落的对齐格式,其值包括 RIGHT(右对齐)、LEFT(左对齐)、CENTER(居中对齐)和 JUSTIFY(两端对齐)。该属性可用于多种标记符,最典型的是应用于 DIV、P、Hn(标题标记符)、HR 等标记符。

CENTER 标记符:如果用户要将文档内容居中,还可使用 CENTER 标记符;方法为:将需居中的内容置于 <CENTER> 和 </CENTER> 之间。

②格式嵌套

在使用标记符时,多数标记符都可以嵌套,但必须遵循的原则是:"块级元素"只能包含在"块级元素"中,"文本级元素"既可包含在"块级元素"中,也可包含在"文本级"元素中。通常,与段落格式设置有关的元素是"块级元素",而与字符格式设置有关的元素是"文本级元素"。对于标题(Hn)元素,由于其产生了分段,因此也认为是"块级元素"。

5. 列表格式

(1)有序列表

有序列表(Ordered list)也称数字式列表,它是一种在表的各项前显示有数字或字母的缩排列表。

定义有序列表需要使用有序列表标记符 <OL> </OL> 和列表项(List item)标记符 <LI> </<LI>(结束标记符可以省略)。

OL 标记符具有两个常用的属性:TYPE 和 START,分别用来设置数字序列样式和数字序列起始值。

(2)有序列表的嵌套

如果用户想用不同层次的编号列表来表示页面的内容,则可以使用嵌套的有序列表,使用嵌套的有序列表时,只需将相关的列表标记符嵌套使用即可。

(3)无序列表

定义无序列表需使用无序列表标记符 <UL> </UL> 和列表项标记符 <LI> </LI>。

无序列表嵌套时,将根据浏览器的不同而在不同层次显示不同的项目符号。另外,有序列表和无序列表也可互相嵌套。

(4)无序列表嵌套

与有序列表类似,无序列表也可以嵌套。

例 3.1:用 HTML 语言建立一个简单的网页,要求"经济学院"的链接为"jingji. college. edu. cn","计算机学院"的链接为"computer. college. edu. cn","提交"按钮无须和数据库建立连接。

编程如下:

```
<! doctype>
<html>
<head>
<title>网页</title>
```

```
</head>
<body>
<a href="jingji. college. edu. cn">经济学院</a>
<a href="computer. college. edu. cn">计算机学院</a>
<button type="submit"> 提交</button>
</body>
</html>
```

三、任务检测

特别提示

刚开始学习的时候尽量使用记事本，不要使用 dreamweaver 软件，这样对 HTML 语言的学习效果会更好一些。

相关知识

本任务所涉及的知识点如下：

1. 使用 HTML 创建基本网页的方法
2. 使用 HTML 插入图片的方法
3. 使用 HTML 创建超链接的方法
4. 使用 HTML 创建表格的方法
5. 使用 HTML 创建框架的方法
6. 使用 HTML 创建表单的方法

任务 2 使用 HTML 插入图片

任务描述

图像标签：<img src = “image. gif”/ >，IMG 代表这里插入图片，src 表示图片的路径。图像的 src 将是图像的 Web 地址，大多数情况下，你只需输入图片的文件名就行，例如：<img src = “image. gif”/ >。

任务目标

- 熟悉 Web 页图像格式

- 在网页中插入图像

任务分析

如果我们不想使用 GIF 图像,可以选择 JPG 图像,这是在互联网上最常见的两个扩展图像文件;如果你使用的是其他格式的图片,可以将它们转换成 GIF 或者 JPG 格式的图片,大部分的图像编辑软件都可以做到,常用的一个图像编辑软件就是 photoshop。

任务实施

一、任务准备

事先准备好一些图片,并且保存在电脑硬盘的某个文件夹里。

二、任务实施

1. Web 页图像格式

(1)GIF 格式

GIF 格式最适合于线条图(如含有最多 256 色的剪贴画)以及使用大块纯色的图片。GIF 格式使用无损压缩来减小图片文件的大小。

(2)JPEG 格式

JPEG 格式最适用于使用真彩色或平滑过渡色的照片和图片。JPEG 格式使用有损压缩来减小图片文件的大小,因此用户将看到随着文件的减小,图片的质量也降低了。

(3)PNG 格式

PNG 格式适于任何类型、任何颜色深度的图片。也可用 PNG 格式保存带调色板的图片。该格式用无损压缩来减小图片文件的大小,同时保留图片中的透明区域。

(4)矢量格式

Web 上矢量图形的最大优点就在于它是用数学公式和编号来表示图形,这使它们的文件尺寸要比位图图形小得多。

2. 在网页中插入图像

(1)IMG 标记符及其基本属性

在网页中插入图像应使用 IMG 标记符,它具有两个基本属性:SRC 和 ALT。SRC 表示图像文件名,必须包含绝对路径或相对路径,图像可以是 GIF 文件、JPEG 文件或 PNG 文件。ALT 表示图像的简单文本说明,用于不能显示图像的浏览器或浏览器能显示图像但显示时间过长时先显示。

(2)图像布局

①指定图像的高和宽

用户可以指定图像的高度和宽度,以告诉浏览器 Web 页应分配给图像多少空间(用像素表示)。

设定网页中图像的高和宽应使用 IMG 标记符的 WIDTH 和 HEIGHT 属性,格式为:

<IMG WIDTH = x HEIGHT = y>

②图像的边框

用户还可以给图像添加边框效果，此时可使用 IMG 标记符的 BORDER 属性，格式为：<IMG BORDER =“边宽”>，边宽的单位是像素。

③设置图像和文本之间的空白

可以在标记符 IMG 内，使用属性 HSPACE 和 VSPACE 设置图像和文本之间的空白，格式为：<IMG HSPACE = “x” VSPACE = “y”>，其中，x 值用于设定水平方向的空白，y 值用于设定垂直方向的空白，单位为像素。

④图像在页面的对齐

设置图像在页面的对齐与设置文本对齐类似，可以使用 DIV 或 P 标记符的 ALIGN 属性。

⑤ALIGN 属性

图像和文本混排时，图像和文本在垂直方向的对齐可使用 IMG 标记符的 ALIGN 属性，此时，ALIGN 的值可以是 TOP（表示文本与图像的顶部对齐）、MIDDLE（表示文本与图像的中央对齐）和 BOTTOM（表示文本与图像的底部对齐，此值为默认值）。

例 3.2：网站中有一个名称是“next. jpg” 的图片，图像的地址是：http://www.kmwzjs.com/next.jpg。

若图像和 HTML 文件在同一目录下，语句为：<img src =“next. jpg”/>；

若图像和 HTML 文件不在一个网站中，语句为：<img src =“http://www.kmwzjs.com/next.jpg”/>。

三、任务检测

特别提示

注意：文件名或地址的书写，大、小写是不同的（在 LINUX 服务器环境下），比如“image. jpg”和“IMAGE. JPG”被认为是两个不同的图像，请务必正确使用图像标签。

相关知识

本任务涉及的知识点如下：

1. Web 页图像格式
2. 在网页中插入图像

任务3 使用 HTML 语言创建超链接

任务描述

HTML 文件中最重要的应用之一就是超链接,超链接是一个网站的灵魂,Web 上的网页是互相链接的,单击被称为超链接的文本或图形就可以链接到其他页面。超文本具有链接能力,可层层链接相关文件,这种具有超级链能力的操作,即称为超级链接(简称超链接)。超级链接除了可链接文本外,也可链接各种媒体,如声音、图像、动画,通过它们我们可享受丰富多彩的多媒体世界。

任务目标

- 能理解超链接的基础知识
- 会创建超链接

任务分析

建立超链接的标签为 <A> 和 </A>,格式为:<A HREF = "资源地址" TARGET = "窗口名称" TITLE = "指向链接显示的文字"> 超链接名称 </A>。特别说明:标签 <A> 表示一个链接的开始,而 </A> 表示链接的结束。

任务实施

一、任务准备

每一个文件都有自己的存放位置和路径,理解一个文件到要链接的那个文件之间的路径关系是创建链接的根本。让我们先了解超链接的基础知识,具体内容如下:

1. URL 简介

URL(Uniform Resource Locator)中文名字为"统一资源定位器",HTML 利用统一资源定位器为使用各种协议的访问信息提供了一个简单连贯的方法。一个 URL 包括三部分内容:即一个协议代码、一个装有所需文件的计算机地址(或一个电子邮件地址或是新闻组名称),以及包含有信息的文件地址和文件名。

2. 绝对 URL 与相对 URL

绝对 URL 是指 Internet 上资源的完整地址,包括协议种类、计算机域名和包含路径的文档名。其形式为:协议://计算机域名/文档名。

相对 URL 是指 Internet 上资源相对于当前页面的地址,它包含从当前页面指向目的页面位置的路径。例如:pub/example. htm 就是一个相对 URL,它表示当前页面所在目录下 pub 子目录中的 example. htm 文档。

3. BASE 标记符

用户可以在文档头部使用 BASE 标记符,并在其中指定文档中的所有相对 URL。这样,移动页面就无须打断相对 URL;或是当必须从相同位置引用几个文件时,就可以在 URL 中使用快捷方式。

二、任务实施

创建一个超链接需要使用 A 标记符,它是单词 Anchor 的首字母。A 标记符的最基本属性是 HREF,用于指定链接到的文件。

1. 指向本地网页的链接

当用户在同一台计算机内将一个页面与另一个页面进行链接时,则不用指定完整的 Internet 地址,使用相对地址即可。如果两个页面在同一个文件目录下,可以简单地在 HREF 属性中指定 HTML 文件名。

注意:使用超链接时,一定要确保所指向的内容或页面存在于指定的位置;否则会导致无法正确显示网页(通常会显示一个通知网页,告知访问者该页不存在)。

2. 指向其他网页的链接

如果超链接指向的内容是外部网页,则应使用完整的路径名,也就是使用绝对 URL。

3. 指向页面中特定部分的链接

除了可以对不同页面进行链接以外,用户还可以对同一页(或不同页)的不同部分进行链接。

如果要设置这样的超链接,首先应为页面中需要跳转到的位置命名。命名时应使用 A 标记符,方法为:在需要跳转到的位置放置 A 标记符,并用 NAME 属性进行命名(通常这样的位置被称为"锚点"),但在标记 <A> 与 </A> 之间不用任何文字。

对页面进行标记之后,就可以用 A 标记符设置指向这些标记位置的链接。

4. 指向电子邮件的链接

除了可以创建指向页面或页面不同部分的链接外,标记 A 还允许进行 E - mail 地址链接。也就是说,在链接中包含电子邮件地址信息。

例 3.3:用 HTML 语言在网页上建立两个超链接:

(1)文字提示链接一个保存的 Word 文件

(2)图片提示链接www. sxufe. edu. cn

编程如下:

```
<HTML>
<HEAD>
<TITLE>
</TITLE>
```

```
</HEAD>
<BODY>
<a href="www.sohu.com"><img src="图片路径"></a>
<a href="Word 文档路径">打开 Wrod 文件</a>
</BODY>
</HTML>
```

三、任务检测

相关知识

本任务所涉及的知识点如下：

1. 超链接的基础知识
2. 创建超链接

任务4 使用 HTML 语言创建表格

任务描述

HTML 表格用 <table> 表示。一个表格可以分成很多行(row)，用 <tr> 表示；每行又可以分成很多单元格(cell)，用 <td> 表示。<html> <body> <p> 表格所用到的 Tag，在整个表格开始要用 table。

任务目标

- 会创建表格
- 会画边框与分隔线
- 能控制单元格空白
- 会表格对齐
- 能使用表格设计网页布局
- 能设置表格或单元格的背景
- 会嵌套表格
- 会表格布局综合应用

任务分析

网站设计中首先需要做的就是搭建框架，而框架的形成依赖表格的建立，表格的单元格中填充文字、图片、段落、水平线，甚至是一份新的表格都是可行的，由此，一层层复杂的结构就在这些套用中得以展开，那么，这个基础的应用——表格，该如何用 HTML 来创建呢?

任务实施

一、任务准备

在用 HTML 语言创建表格时，需要记住以下指令：

<table> </table>定义表格

<tr> </tr>定义行

<td> </td>定义表格单元格中的内容

<border = “0” >定义表格边框的粗细

二、任务实施

1. 创建表格

将一定的内容，按特定的行、列规则进行排列就构成了表格。

(1)表格标记符 TABLE

用户可以在网页文件中使用标记<TABLE>和</TABLE>定义表格，表格的所有内容都放在开始标记<TABLE> 和结束标记 </TABLE>之间。

(2)创建表格标题

表格的标题是表格的内容声明，它大致说明了表格的主题。在 HTML 中使用标记<CAPTION> </CAPTION> 给表格加标题，并使用 align 属性定义标题的位置。

如果表格中使用了标题，它一定要立即位于<TABLE>之后，并且一个表格至多只能有一个标题。

(3)表格的表头

表格的表头也就是表格的行标题或列标题，通常用来说明表格中每行或每列数据的含义。使用标记<TH>可以在表的第一行或第一列加表头。表头写在开始标记<TH>和结束标记</TH>之间并用醒目的粗体字显示(结束标记可以省略)。

(4)表格的行与列

根据前面对表格标记符的说明，读者可以看出，表格的内容实际上是由行定义标记<TR>和列定义标记<TD>确定的。<TR>表示表格一行的开始，结束标记</TR>(可以省略)表示一行表格的结束；<TD>为列定义标记，数据写在标记符 <TD> 和 </TD>之间(结束标记</TD> 也可以省略)。

2. 边框与分隔线

在<TABLE>标记内使用 Frame、Rules 和 Border 属性可以设置表格的边框和单元格分隔线。

(1)Frame 属性

表格边框表示表格最外层的四条框线,可以用 Frame 属性进行控制。

(2)Rules 属性

Rules 属性用于控制是否显示以及如何显示单元格之间的分隔线。

(3)Border 属性

Border 属性用于设置边框的宽度,其值为像素数。如果设置 Border = "0",则意味着 Frame = "void",Rules = "none"(除非另外设置);如果设置 Border 为其他值(若使用不指定值的单独一个 Border,相当于 Border = "1",则意味着 Frame = "Border",Rules = "all"(除非另外设置)。

3. 控制单元格空白

在 TABLE 标记符中使用 cellspacing 属性可以控制单元格之间的空白,使用 cellpadding 属性可以控制表格分隔线和数据之间的距离,这两个属性的取值通常都采用像素数。

4. 表格的对齐

表格的对齐包括表格在页面中的对齐和表格数据在单元格中的对齐。

(1)表格的页面对齐

表格在页面中的对齐与其他页面内容一样,可以直接在 TABLE 标记符中使用 align 属性。

(2)表格内容的水平对齐

表格单元格内容的对齐包括各数据项在水平方向和垂直方向上的对齐。

设置水平对齐的方法是:在标记符 <TR>、<TH>、<TD>内使用 align 属性,如果是在 TR 标记符中使用 align 属性,则可以控制整行内容的水平对齐;如果是在 TD 或 TH 标记符中使用 align 属性,则控制相应单元格中内容的水平对齐。

(3)表格数据的垂直对齐

设置表格数据在垂直方向的对齐应在 TR、TH 或 TD 标记符中使用 valign 属性。

与 align 属性类似,如果是在 TR 标记符中使用 valign 属性,则可以控制整行内容的垂直对齐;如果是在 TD 或 TH 标记符中使用 valign 属性,则控制相应单元格中内容的垂直对齐。

5. 使用表格设计网页布局

为使网页适合不同浏览器平台的读者阅读,使用表格仍将是一种主要的页面布局手段。

6. 设置表格或单元格的背景

与设置整个页面的背景类似,表格或表格的单元格也可设置背景颜色或图案。设置方法是在 TABLE、TR 或 TD 标记符内,使用 BGCOLOR 属性设置背景颜色,使用 BACKGROUND 属性设置背景图案。

7. 嵌套表格

在设置页面布局时,还有一种常用的方法就是将表格嵌套。嵌套表格的方法很简单,只要将表格作为一个单元格的内容,放置在 <TD> 和 </TD>(可以省略)之间即可。

8. 表格布局综合应用

(1)表格框线

(2)横竖分隔线

例3.4:在Web页中显示本节所介绍的标记符及相关属性,与图像等网页元素内容实际配合。如图3.1所示。

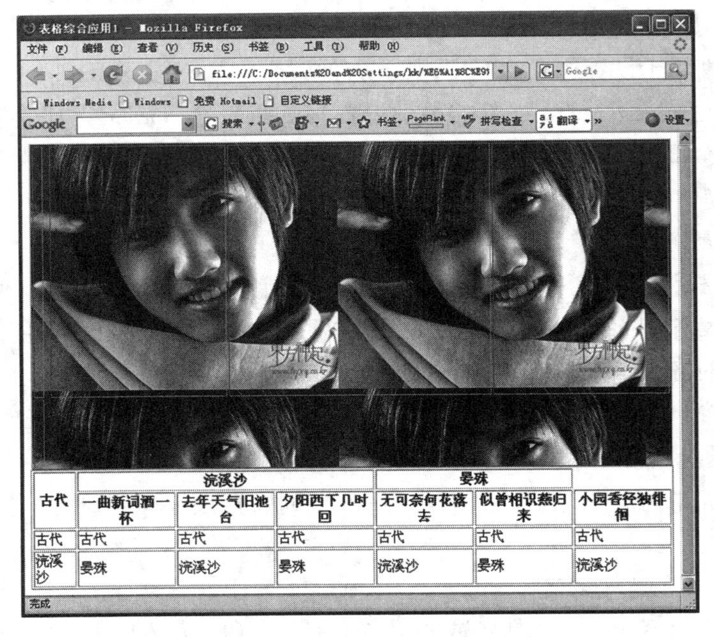

图3.1　例3.4结果

例3.5:在Web页中显示本节所有介绍的标记符及相关属性,与超级链接及网页背景等网页元素内容配合设计。如图3.2所示。

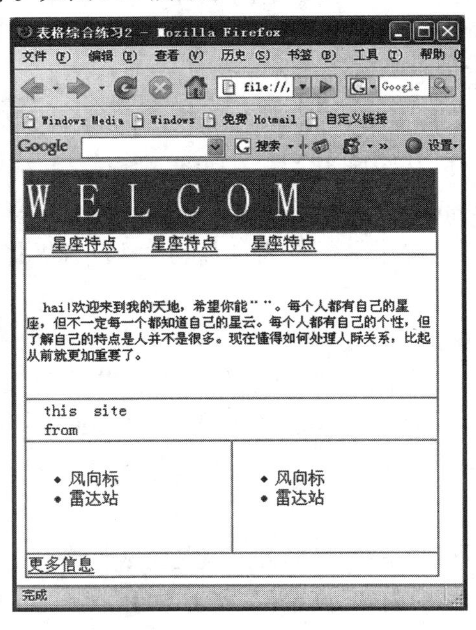

图3.2　例3.5结果

相关知识

本任务所涉及的知识点如下：

1. 创建表格
2. 画边框与分隔线
3. 控制单元格空白
4. 表格对齐
5. 使用表格设计网页布局
6. 设置表格或单元格的背景
7. 嵌套表格
8. 表格布局综合应用

任务5 使用 HTML 语言创建框架

任务描述

使用框架(Frame)，我们可以获得在同一个浏览器窗口同时显示多个网页的交互式效果；每个 Frame 里可设定一个网页，并且相互独立。

Frameset 决定如何划分 Frame，包含有 Cols 属性和 Rows 属性。如使用 Cols 属性，表示按列分布 Frame；若使用 Rows 属性，表示按行分布 Frame。Frame 用 Tag 设定网页，里面包含有 Src 属性，Src 值就是网页的路径和文件名。

任务目标

- 能熟悉框架的基本内容
- 会对框架进行初始化
- 会设置框架的显示效果
- 能指定超链接的目标框架
- 会使用页内框架
- 会框架的综合应用

任务分析

框架可以使设计者以行和列的方式组织页面信息。它与表格不同的是，在框架中可以包含超链接;通过单击超链接,可以改变自身或其他框架中的内容。

任务实施

一、任务准备

框架的典型用法是:在某一个或若干个框架中包含固定信息(通常是超链接或联系信息等),而在另一个框架中显示页面的主要内容,通过单击其他框架中的超链接来不断改变该主要框架的内容显示。

二、任务实施

1. 框架的基本内容

(1)框架与框架集

框架集是构造整个框架结构的文档内容,它不包含任何可显示的内容,而只是包含如何组织各个框架的信息和框架中的初始页面信息。使用框架集标记符 <FRAMESET>、</FRAMESET> 和框架标记符 <FRAME> 可以构造框架。需要注意的是:在 HTML 文档中,如果包含 FRAMESET 标记符,则不能再包含 BODY 标记符;反之亦然。

框架是按行和列进行排列的,建立框架结构时应使用 FRAMESET 标记符的 ROWS 属性或 COLS 属性,分别用于构造横向分隔框架和纵向分隔框架。需要注意的是,这两个值不能同时使用;如果需要创建同时包含横向及纵向框架的文档,应使用嵌套框架。

(2)框架的嵌套

框架嵌套时,只需在使用 FRAME 标记框架时,使用 FRAMESET 再标记一个框架集即可。

(3)NOFRAMES 标记

为使不支持框架的浏览器用户提供关于框架内容的信息,用户应在 NOFRAMES 标记符中用其他不使用框架的方式显示需要的信息,从而使所有用户(不论是否支持框架)都可以浏览到正确的内容。

2. 框架的初始化

框架初始化是指为各个框架指定初始显示的页面,框架初始化应使用 FRAME 标记的 Src 属性。除了 Src 属性,通常还要使用 Name 属性指定框架的名称,以便在指定超链接的目标框架时引用该名称。框架名由字母打头,但以下划线开始的框架名无效。FRAME 标记的个数应等于在 FRAMESET 标记中所定义的框架数,并依在文件中出现的次序按先行后列对框架进行初始化。

3. 框架的显示效果

设计网页时,可以使用 FRAME 标记的 Frameborder 属性控制是否显示框架边框,该属性的取值为 1 或 0。如果取值为 1,表示生成 3D 边框(此为默认设置);如果取值为 0,则不显示边框。

4. 指定超链接的目标框架

如在框架网页的内容中设置了超链接,则必须指定链接的目标文件显示在哪一个框架内,即指明显示目标文件的框架名。如果没有进行这种指定,则单击当前框架中的超链接时，被链接的目标文件会在当前框架内显示。

控制超链接目标文件在哪一个框架内显示的方法，是在 A 标记内使用 target 属性，格式为：<A href = "目的文件名.html" target = 目标框架名 >超链接文本或其他内容。

当用户单击当前框架内的超链接文本时，链接的目标文件就会显示在由 target 值指定的框架窗口内。

5. 使用页内框架

使用标记 IFRAME 可以将框架设置在页面中央，称为页内框架。页内框架与 FRAMESET 标记定义的框架不同，它可以插到 <BODY>和</BODY>之间。

对于包含在<IFRAME>和</IFRAME>标记符之间的内容，只有不支持框架或设置为不显示框架的浏览器才显示（类似于 NOFRAMES 标记的作用），因为页内框架的内容是由 Src 属性指定。

例 3.6：在 Web 页中显示本任务所介绍的标记符及相关属性内容。如图 3.3 所示。

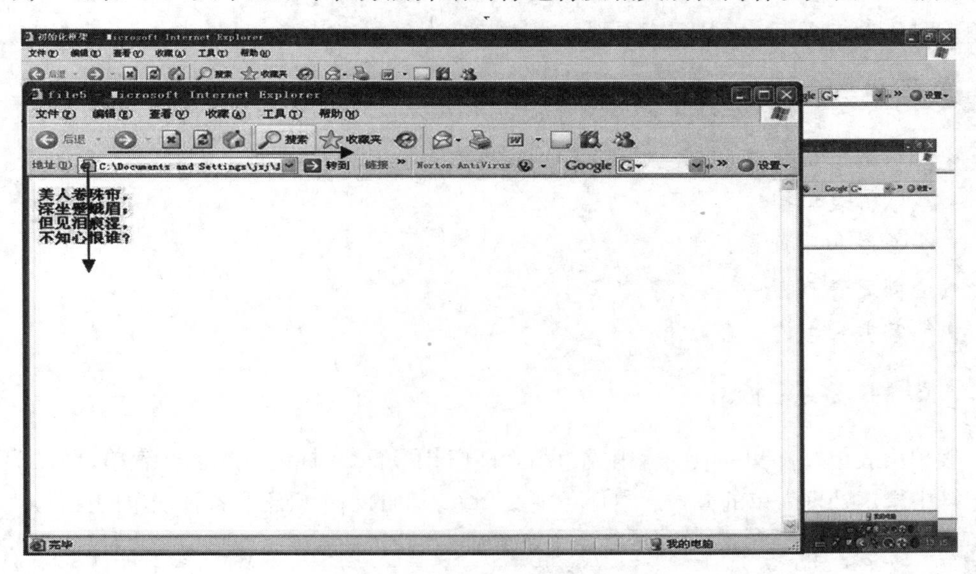

图 3.3 例 3.6 结果

相关知识

本任务所涉及的知识点如下：

1. 框架的基本内容
2. 框架的初始化
3. 设置框架的显示效果
4. 超链接的目标框架
5. 使用页内框架
6. 框架的综合应用

任务6 使用 HTML 语言创建表单

任务描述

表单是用于实现网页浏览者与服务器之间交互信息的一种页面元素，在 WWW 上它被广泛应用于各种信息的搜集和反馈。即表单是 Web 页的一个组成部分，它包含一个可以由读者键入或选择信息的区域，并能将信息返回给网页制作者。表单不仅需要在网页中用 HTML 进行显示，而且还需要服务器端特定程序的支持。

任务目标

- 能理解表单定义
- 能掌握表单控件的类型
- 会使用 FORM 标记符
- 会创建表单控件
- 能掌握表单的综合应用

任务分析

表单由表单控件和一般内容组成，我们可以利用 FORM 标记符来创建表单，且在 FORM 标记符中指定处理表单的方式。本任务主要介绍表单的基本概念及各种表单的控件。

任务实施

一、任务准备

表单通常由两类元素构成，一是普通页面元素，如表格、图像、文字等；二是用于接收信息的特定页面元素，即表单控件，如文本框、单选框等。所谓控件，是指表单中用于接收用户输入或处理的元素。典型的控件有：文本框、复选框、单选框、选项菜单等。每个控件都具有一个指定的名称（由控件的 Name 属性指定），该名称的有效范围是所在表单的 <FORM> 和 </FORM> 标记符之间。对于每个控件，都具有一个初始值和一个当前值，这两个值都是字符串。控件的初始值是网页设计者预先指定的，而当前值则根据用户的交互操作确定。

二、任务实施

若要创建一个 HTML 表单，可执行以下操作：

1. 打开一个页面，将插入点放在希望表单出现的位置。

2. 选择“插入” > “表单”，或选择“插入”栏上的“表单”类别，然后单击“表单”图标(见图3.4)，Dreamweaver 将插入一个空的表单。当页面处于“设计”视图中时，用红色的虚轮廓线指示表单。如果没有看到此轮廓线，请检查是否选中了“查看” > “可视化助理” > “不可见元素”。

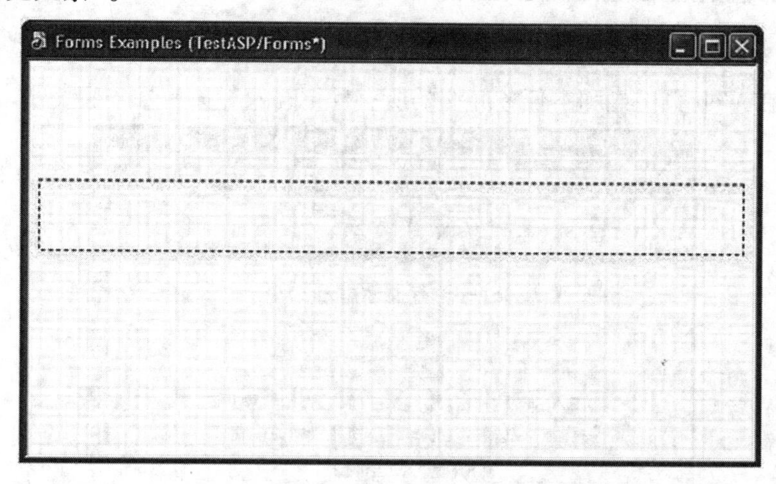

图3.4 创建一个 HTML 表单

3. 指定将处理表单数据的页面或脚本。在“文档”窗口中，单击表单轮廓以将其选定。在属性查看器中(“窗口” > “属性”)的“动作”文本框中键入路径，或者单击文件夹图标浏览到适当的页面或脚本。

4. 指定将表单数据传输到服务器的方法。在属性检查器中，在“方法”弹出菜单中选择以下选项之一：

默认方法：使用浏览器的默认设置将表单数据发送到服务器。通常，默认方法为 GET 方法。GET 方法将值附加到请求该页面的 URL 中。POST 方法：将在 HTTP 请求中嵌入表单数据。

5. 插入表单对象。将插入点放置在希望表单对象在表单中出现的位置，然后在“插入” > “表单”菜单中，或者在“插入”栏的“表单”类别中选择对象。

6. 根据需要，调整表单的布局(见图3.5)。可以使用换行符、段落标记、预格式化的文本或表来设置表单的格式。注意不能将表单插入另一个表单中，但可以在一个页面中包含多个表单。设计表单时，请记住用描述性文本标记表单字段，以使用户知道他们回复的内容。例如，“键入您的名字”请求名字信息。使用表格为表单对象和域标签提供结构。当在表单中使用表格时，请确保所有的 TABLE 标签都位于两个 FORM 标签之间。

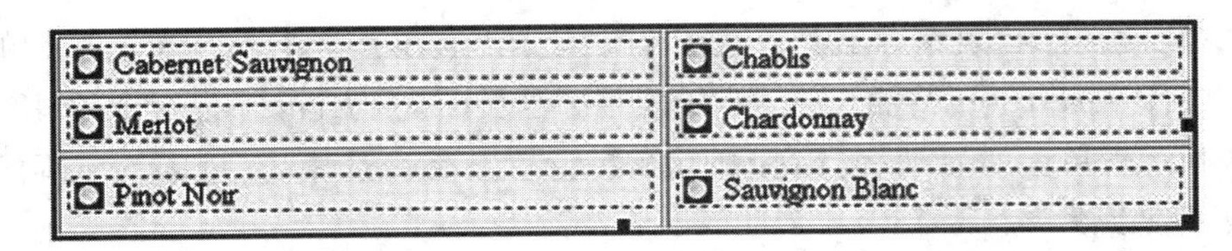

图 3.5　表单布局

例 3.7：在 Web 页中显示本任务介绍的所有标记符及相关属性内容(见图 3.6)。

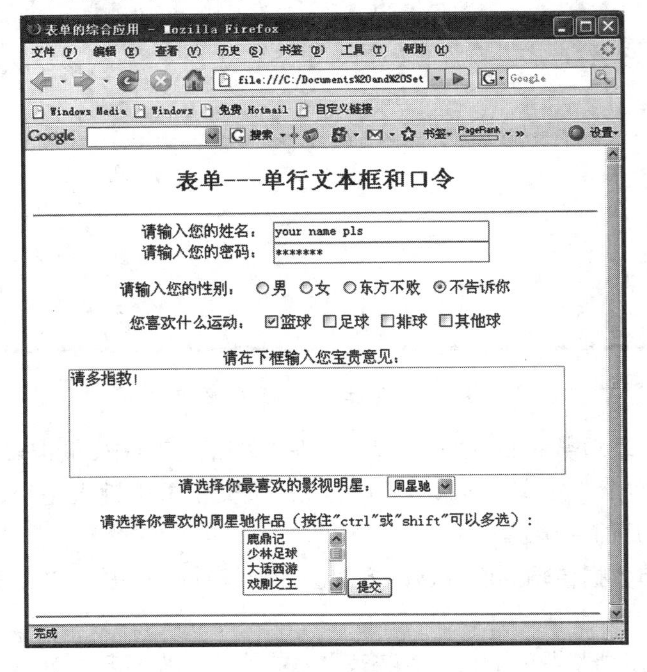

图 3.6　例 3.7 结果

相关知识

本任务所涉及的知识点如下：

1. 表单定义
2. 表单控件的类型
3. 使用 FORM 标记符
4. 创建表单控件
5. 表单的综合应用

单元小结

网页设计基础是指利用 HTML 语言中提供的各种标记符和属性来编写网页文件、设计网页特效。其中，包括设计文本格式、表格、插入图像、创建框架、创建超链接、设计表单等内容。本单元主要介绍 HTML 语言基础知识，Web 页的基本结构，页面背景，页面布局与文本格式，段落格式，列表格式，以及综合应用示例等。

综合测试

一、填空题

1. HTML 是一种__________,它通过__________来标记要显示__________的各个部分。

2. 一个最基本的 HTML 文档包括:HTML 标记__________、首部标记__________以及__________。

3. Web 页图像格式包括__________格式、__________格式、__________格式、__________格式四种。

4. 超级链接除了链接__________外,也可链接各种__________,如__________、__________、__________等。

5. HTML 表格用__________表示;一个表格可以分成很多行,用__________表示;每行又可以分成很多单元格,用__________表示。

二、选择题

1. 超链接链接到的文件,可以是(　　)。

   A. 指向本地网页的链接　　B. 指向其他网页的链接

   C. 指向页面中特定部分的链接　　D. 指向电子邮件的链接

2. Rows 和 Cols 的取值可以是(　　)。

   A. 像素数　　B. %数　　C. n *　　D. 余数

3. 设计网页时可用 FRAME 标记的 Frameborder 属性控制是否显示框架边框,该属性的取值为(　　)。

   A. 1　　B. 0　　C. 2　　D. 3

4. 可以使用换行符、段落标记、预格式化的(　　)来设置表单的格式。

   A. 换行符或文本　　B. 段落标记或文本

   C. 文本或表　　D. 表或换行符

5. HTML 语言都是以(　　)。

   A. < >开始,</ >结束　　B. (　)开始,(/)结束

   C.【　】开始,【/】>结束　　D. {　}开始,{/}>结束

三、简答题

1. 说明在 HTML 语言中使用标记符时应该注意的问题。
2. 解释超链接的含义。
3. 说明框架的典型用法。

单元四　Dreamweaver网页设计

单元概述

Dreamweaver 8.0 是 Macromedia 公司推出的最新版本的网页设计软件，站点管理和页面设计是它的两大核心功能，它采用多种先进的技术，易学、易用。只要掌握初步的知识，再加上自己的创意，即可制作出特色鲜明的网页。通过本单元的学习，首先使读者熟悉 Dreamweaver 8.0 的界面及运行环境，然后重点介绍如何创建站点（并进行站点管理）、创建基本网页、创建表格、创建超链接、创建框架、创建表单，以及创建动感网页等，从而为下一步开发网站做准备。

任务1 构建站点

任务描述

网站中包含大量不同类型的文件:包括以.html和.htm为扩展名的静态网页页面文件,以.asp为扩展名的动态网页页面文件,其他资源文件、各级目录等;这些文件是整个网站的主体。为了有效地组织和管理,网站开发者可以构建一个站点,将这些内容全部放置在站点中。站点与WEB服务器上的站点相对应,Dreamweaver 8.0提供了非常方便的构建站点和管理站点的方法。

任务目标

- 能构建本地站点
- 会管理站点

任务分析

本任务将使大家了解Dreamweaver 8.0这个网页制作软件的界面及运行环境,让后面的学习变得更加轻松,且上手更加迅速。

任务实施

一、任务准备

我们先在所用电脑上安装Dreamweaver 8.0,然后在使用Dreamweaver开发网站之前,需要先熟悉一下Dreamweaver 8.0的启动及运行环境。

二、任务实施

1. 构建本地站点

图4.1是Dreamweaver 8.0的“起始页对话框”,可以从“创建新项目”目录中选择“Crete Dreamweaver站点”。

图 4.1　Dreamweaver 8.0“起始页对话框”

(1)“站点定义”向导编辑文件第一部分(见图 4.2)

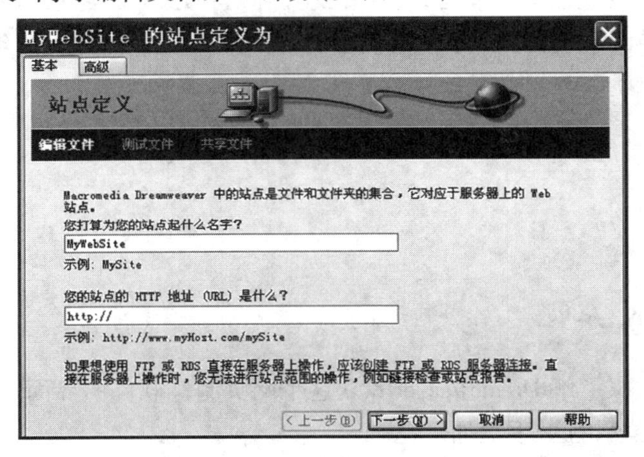

图 4.2　编辑文件第一部分

(2)“站点定义”向导编辑文件第二部分(见图 4.3)

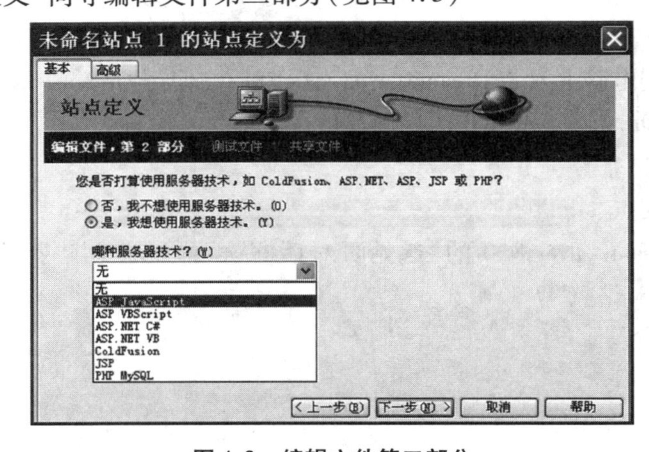

图 4.3　编辑文件第二部分

(3)"站点定义"向导编辑文件第三部分(见图4.4)

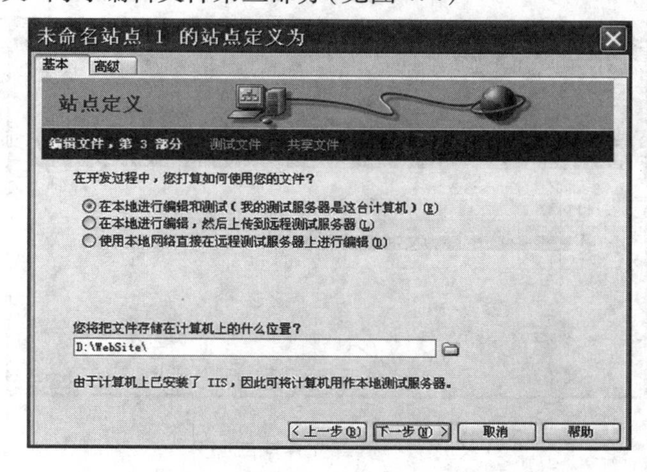

图4.4　编辑文件第三部分

(4)"站点定义"向导测试文件(见图4.5)

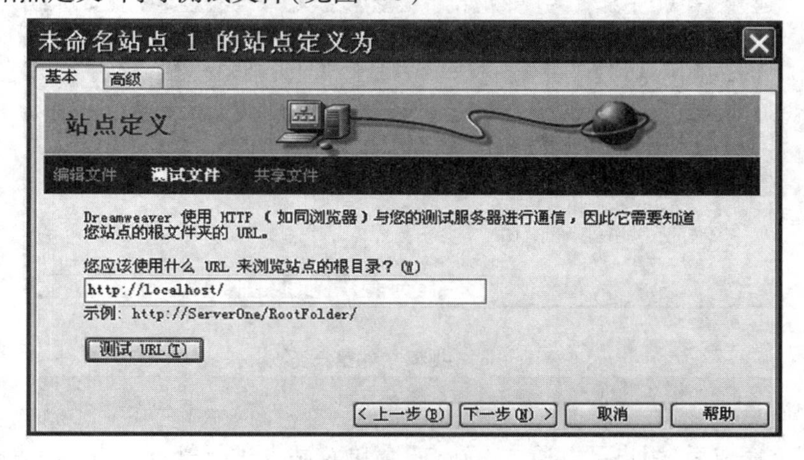

图4.5　测试文件

(5)"站点定义"向导共享文件第一部分(见图4.6)

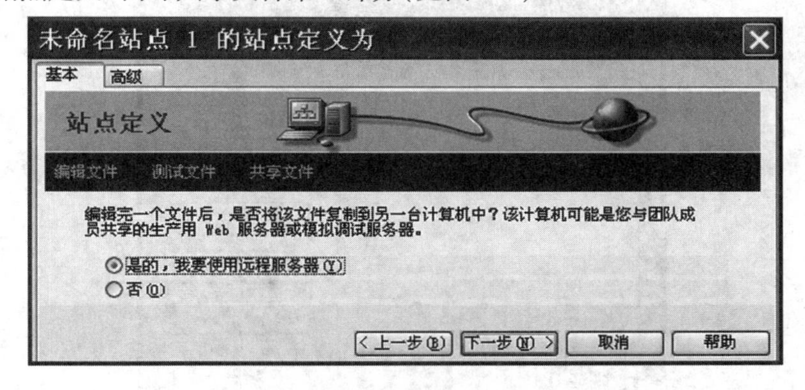

图4.6　共享文件第一部分

(6)“站点定义”向导共享文件第二部分(见图4.7)

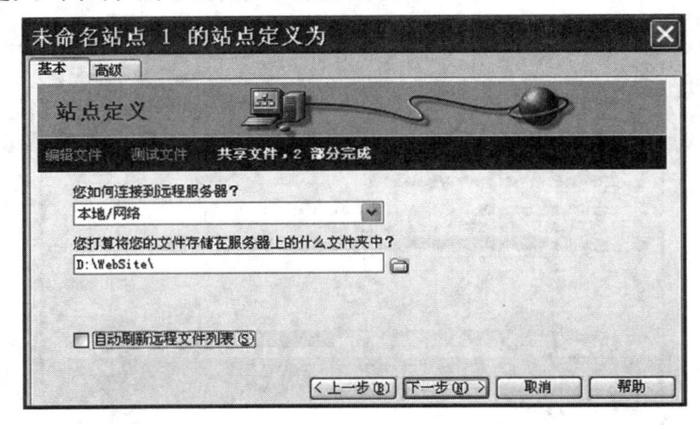

图4.7　共享文件第二部分

(7)“站点定义”向导共享文件第三部分(见图4.8)

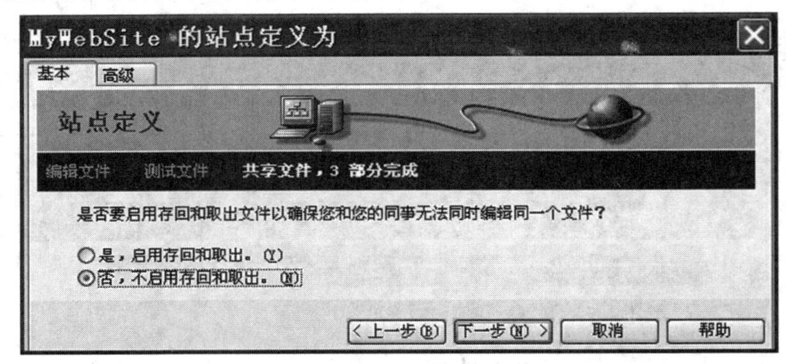

图4.8　共享文件第三部分

2. 管理站点

站点建立完成后,用户可以通过“站点”菜单对站点进行管理。点击“站点◇管理站点...”,即打开“管理站点”对话框(见图4.9)。

图4.9　“管理站点”对话框

三、任务检测

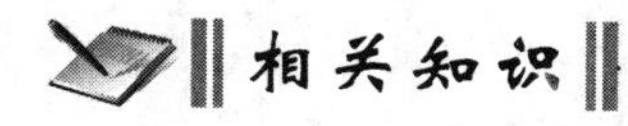

相关知识

本任务所涉及的知识点如下：

1. 构建本地站点
2. 管理站点

任务2 使用 Dreamweaver 创建基本网页

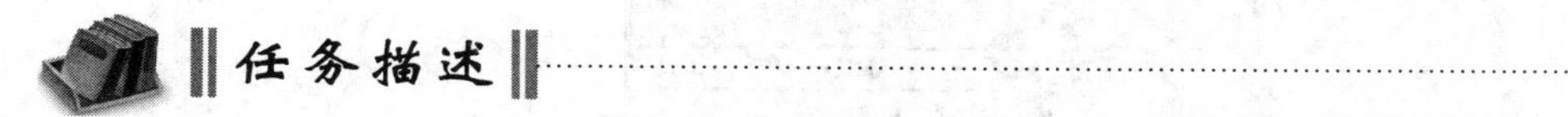

任务描述

网站是由一系列相关文件组成的，其中最主要的就是基本网页。

任务目标

- 会创建基本网页
- 能编辑基本网页

任务实施

一、任务准备

熟悉 Dreamweaver 8.0 软件的菜单操作内容。

二、任务实施

1. 创建基本网页

（1）使用菜单创建

点击“文件◇新建”菜单项，即打开“新建文档”对话框，如图 4.10 所示。

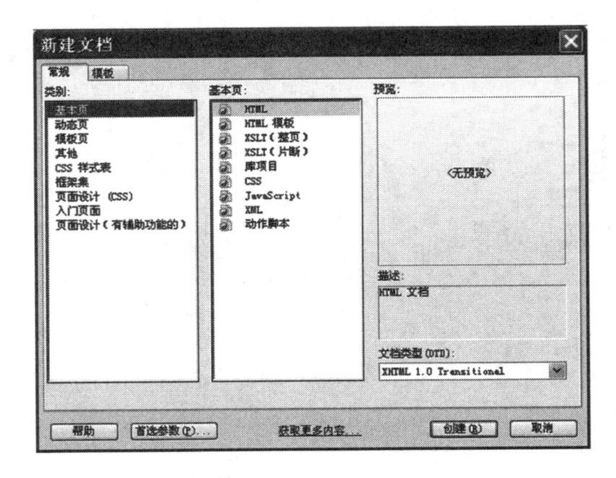

图 4.10 “新建文档”对话框

(2)在“文件”对话框中创建(见图 4.11)

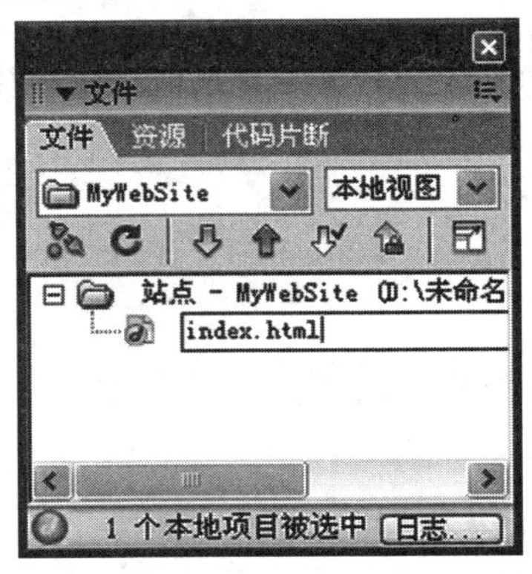

图 4.11 “文件”对话框

2. 认识编辑窗口(见图 4.12)

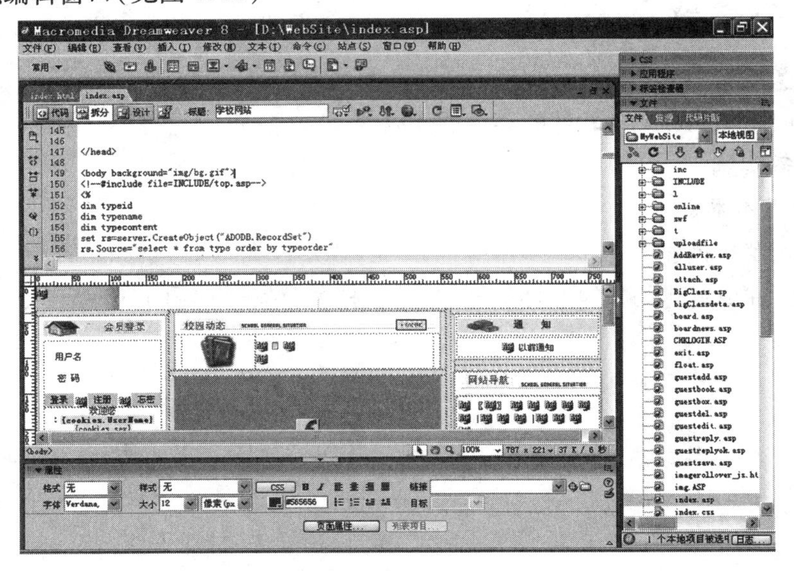

图 4.12 编辑窗口

(1)菜单栏(见表4.1)

表4.1 菜单名称及功能

菜单名称	功 能
文件	包含"新建""打开""关闭""保存"和"打印"等对文档进行控制或操作的项目
编辑	包括对当前文档中的内容进行编辑或辅助编辑的项目,例如"剪切""复制""粘贴"和"查找和替换"等,除此之外,还包括对 Dreamweaver 8.0"首选参数"的访问
查看	包括文档的各种视图显示,以及文档显示时的一些设置,例如"标尺""网格"和"工具栏"等
插入	提供各种对象的插入选项,包含"表格""图像"和"表单"等
修改	提供修改页面、表格、图像、CSS 和时间轴等各种对象的选项
文本	用于修改和设置当前文档的文本格式
命令	提供对各种命令的访问,包括根据开发者的格式首选参数设置代码格式的命令和创建相册的命令等选项
站点	提供用于管理和维护站点以及上传和下载文档的菜单选项
窗口	提供对 Dreamweaver 8.0 中所有面板、检查器和窗口的访问选项
帮助	提供对 Dreamweaver 8.0 帮助文档的访问,以及各种语言的参考材料

(2)插入栏

在菜单栏的下面就是插入栏,其作用如同快捷工具栏,包含用于创建和插入对象的各种按钮,包括表格、层和图像等,具体内容如图4.13所示。

图4.13 插入栏界面

(3)文档编辑区

文档编辑区是指网页文件的编辑区域,具体内容如图4.14所示。

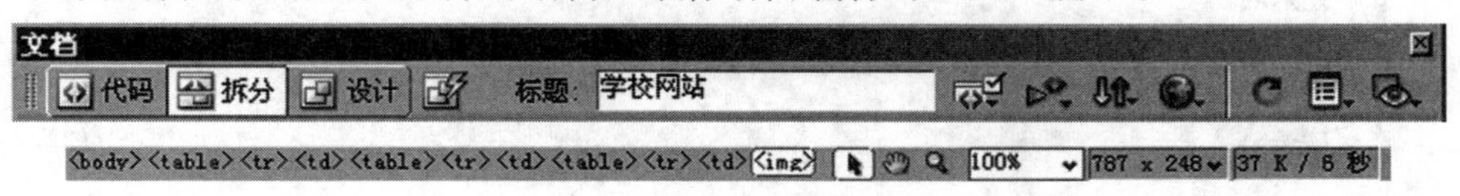

图4.14 文档编辑区界面

文档编辑区三种视图方式的使用说明见表4.2。

表 4.2　三种视图方式

视图方式	说　明
代码	使用代码方式时,在编辑界面中只显示网页的源代码(即 HTML),这种方式不能直观地看到网页的显示效果,而且还必须要非常了解 HTML 语言,因此对于初学者来说是不适合使用的
设计	使用设计方式时,在界面中将以“所见即所得”的编辑方式显示网页内容,这种方式与 Word 等常用软件的使用方式非常相似;因此,对于开发者来说,这种方式的使用很简单,非常适合初学者应用
拆分	使用拆分方式时,则会将编辑界面拆分成两个部分,上半部分显示网页的源代码,下半部分以设计方式显示

(4)属性检查器和面板组

属性检查器的功能是用于查看和编辑当前选定页面元素的最常用属性,其中的内容根据选定的元素会有所不同,如图 4.15 所示。

图 4.15　属性检查器和面板组界面

在 Dreamweaver 8.0 中,一些相似的选项被安排在同一个面板上,而功能相近的面板则被组织到一个面板组中。

3. 编辑基本网页

(1)在网页中插入文字(见图 4.16)

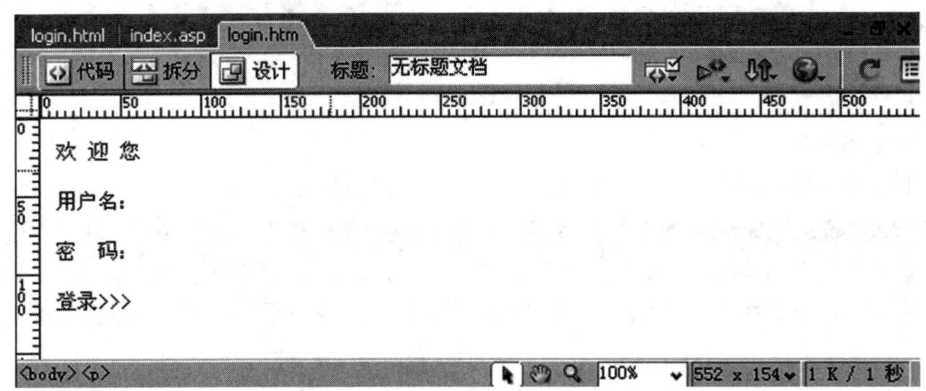

图 4.16　在网页中插入文字

另外,我们还可以设置一些特殊格式,比如背景颜色、背景图像或编码等;设计者可以点击“页面属性”按钮,在打开的“页面属性”对话框中进行具体设置(见图 4.17)。

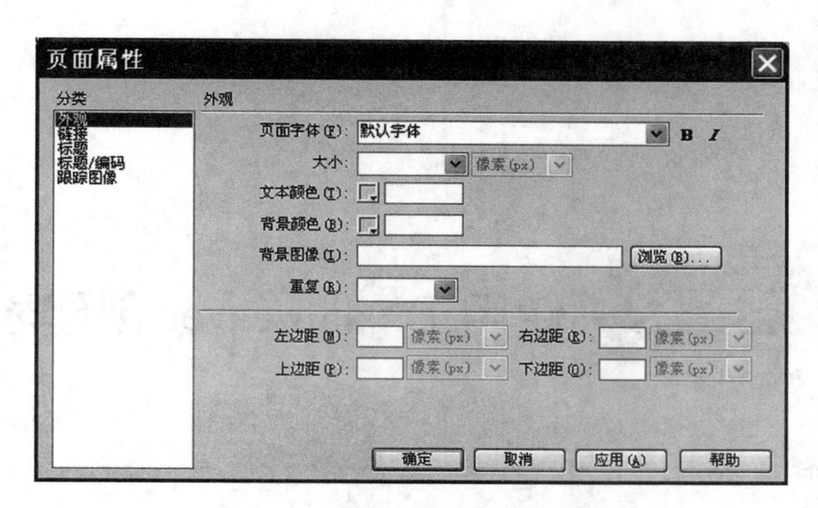

图 4.17 “页面属性”对话框设置界面

(2)在网页中插入图像

在“插入”菜单中的“图像”选项卡中,通过点击“插入栏”中的相应图标实现,如图4.18 所示。

图 4.18 在网页中插入图像

三、任务检测

相关知识

本任务所涉及的知识点如下:

1. 创建基本网页

2. 编辑基本网页

任务3 使用 Dreamweaver 创建表格

任务描述

表格是网页设计制作时不可缺少的重要元素，它以简洁明了和高效快捷的方式，将图像、文本和表单等元素有序地显示在页面上，让开发者可以很容易地设计出漂亮的页面。除此之外，当在网页中要显示日历、课程表等内容时，也需要使用表格。

任务目标

- 能设计表格
- 会创建表格

任务分析

使用表格做网页是为了方便排版和定位，其实就是整页作为一个表格，只不过表格的表框宽度为0，所以表格框架为不可见，然后在相应的单元格填充图片或者文章标题。

任务实施

一、任务准备

熟悉 Dreamweaver 8.0 中的表格菜单内容。

二、任务实施

1. 设计表格

在使用表格对页面进行排版之前，要先设计好表格的样式和元素放置的位置，以及是否使用嵌套表格等。

2. 创建表格

(1)创建编辑外层表格

在 Dreamweaver 8.0 中，除了使用“插入”菜单中的“表格”项创建表格外，也可以点击插入栏中的相应按钮，然后在弹出的“表格”对话框中进行表格属性设置(见图4.19)。

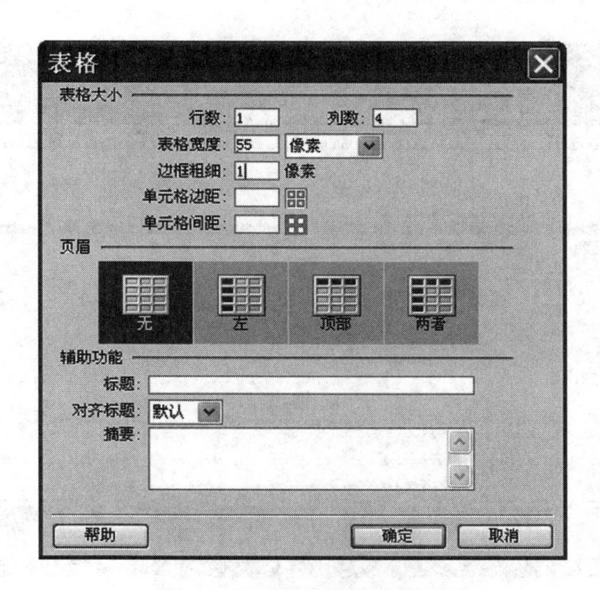

图 4.19 创建编辑外层表格

设置完成后,点击“确定”按钮创建表格,然后根据设计要求将内容元素放置在表格中;在编辑每一个单元格的时候,可以在“单元格属性检查器”对话框中设置相应的选项(见图 4.20)。

图 4.20 “单元格属性检查器”对话框

如果表格创建完成后,还需要对其进行修改,可以在设计视图中选中表格,或是在状态栏的标签选择器中选择相应的表格标签,然后在表格属性检查器中修改选项(见图 4.21)。

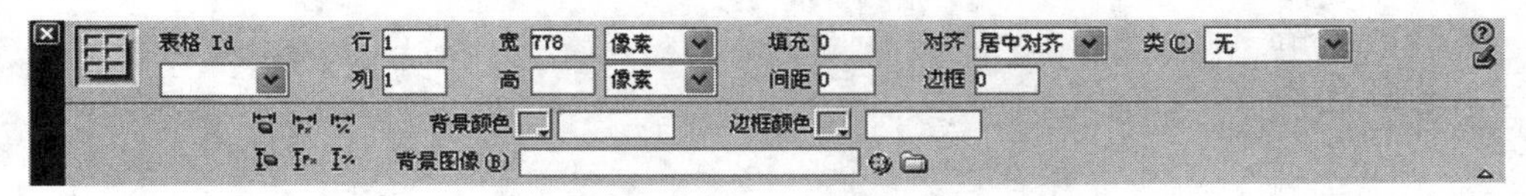

图 4.21 编辑修改外层表格

(2)创建编辑内层表格

操作界面如图 4.22 所示。

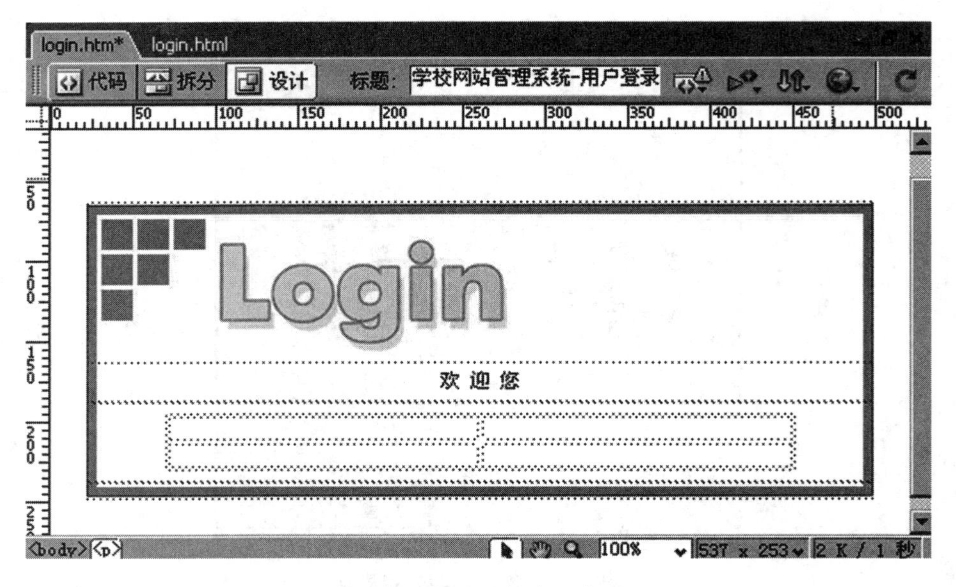

图 4.22　创建编辑内层表格

三、任务检测

特别提示

表格使用注意事项:

1. 整个表格不要都套在一个表格里,应尽量拆分成多个表格。
2. 表格的嵌套层次要尽量少,最好不超过 3 层。
3. 单一表格的结构尽量整齐。

相关知识

本任务所涉及的知识点如下:

1. 设计表格
2. 创建表格

任务4 使用 Dreamweaver 创建超链接

任务描述

一个网站由很多页面和其他相关的文件组成，如果他们之间彼此相互独立，那么页面就好比是一个个的孤岛，网站将无法正常运行。为了使网站中各个不同网页之间建立起相互的联系，就必须使用一种可以将站内网页、外部网页、图片和邮件等链接在一起的技术，这称为“超级链接”或“超链接”。

任务目标

- 能创建页间链接
- 会下载与发送邮件
- 能创建锚点链接
- 会创建热点

任务分析

在网页中最常出现的就是链接，访问者通过点击链接可以找到自己需要的内容。下面我们通过实例说明如何用 dreamweaver 8.0 制作一个超链接。

任务实施

一、任务准备

熟悉超链接的基本操作内容。

二、任务实施

1. 创建页间链接

页间连接是指从一个页面链接到另一个页面上，被链接的目的页面可以和源页面在同一个站点上，也可以是其他站点中的某一个页面。

(1) 文字链接

文字链接是网页链接中最常用也是最基本的形式。当在浏览器中显示页面时，能进行超链接的文字通常都显示为蓝色且带有下划线，当用户用鼠标指向它时，鼠标指针会显示“小手”的形状。

其中,“目标”选项卡,也称为目标区,它指定超级链接指向的目的页面出现在什么目标区域中,共有五项内容,具体如下:

空:即什么都不选,是默认值,表示目的页面与源页面在同一个窗口中显示。

_blank:表示目的页面将出现在一个新窗口中。

_parent:表示目的页面将替换其上一层的框架结构。

_self:表示将目的页面显示在当前框架中。

_top:表示目的页面将跳出所有框架,直接出现在浏览器中。属性检查器界面如图4.23所示。

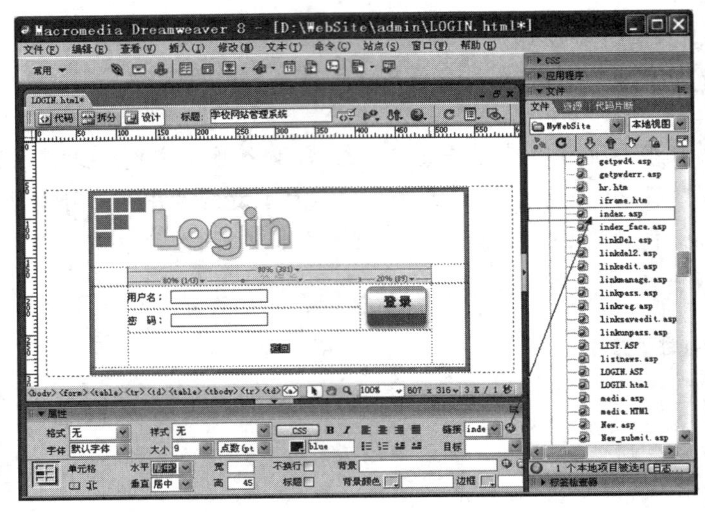

图4.23 属性检查器界面

除了使用属性检查器外,我们还可以点击“插入栏”中的相应图标,或是点击菜单栏中的“插入◇超级链接”项,即打开“超级链接”对话框,其界面如图4.24所示。

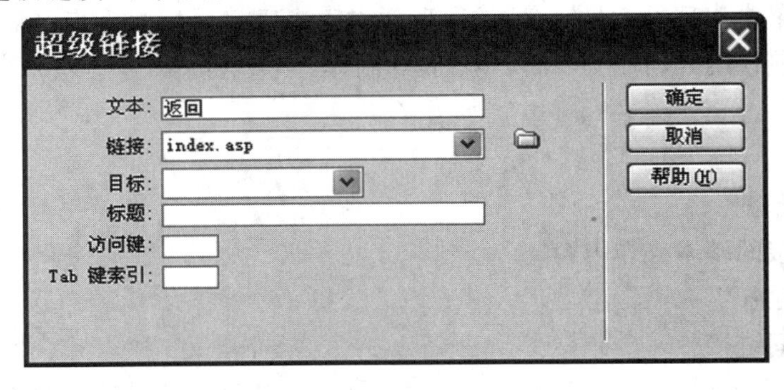

图4.24 “超级链接”对话框

(2)图像链接

由于单独用文字显示的效果比较单调,因此我们可使用图像链接增强显示效果。一个页面中的图像被增加了链接功能后,其在浏览器中显示时会在图像的外围显示一个蓝色边框,并且当用鼠标指向它时,鼠标指针也会变为“小手”的形状。

图像链接的创建与文字链接非常相似,即先选取图像,然后再使用与创建文字链接一样的方式创建链接。

2. 下载与发送邮件

在一些网页中,我们经常可以看到一些超链接,可点击后并没有显示目的页面,而是出现了下载界面,或是弹出联系人地址已经填好的邮件发送向导,这也属于超链接的一种。

(1)创建下载链接

先选中作为链接的元素,然后使用与创建页间链接相似的方法选择目的文件,即可创建下载链接。

需要注意的是,被选择的文件不能是以“. html”或“. htm”为扩展名的网页文件(此外,以“. jpg”和“. gif”等为扩展名的图像文件,或是以“. txt”为扩展名的文本文件也尽量不要使用),其他类型的文件(如“. doc”的 Word 文档文件、“. rar”或“. zip”的压缩文件、“. exe”的可执行文件)通常都可以采用。

(2)创建邮件发送链接

创建邮件发送链接的方式与其他链接有所不同,具体是先将编辑插入点放置在指定位置,然后点击“插入栏”中的相应图标,或是点击菜单栏中的“插入◇电子邮件链接”项,即打开 “电子邮件链接”对话框,如图 4.25 所示。

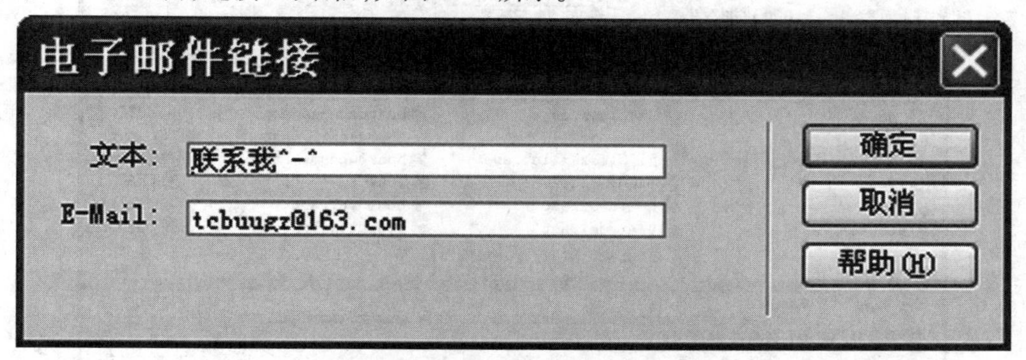

图 4.25 “电子邮件链接”对话框

链接目标的选择操作界面,如图 4.26 所示。

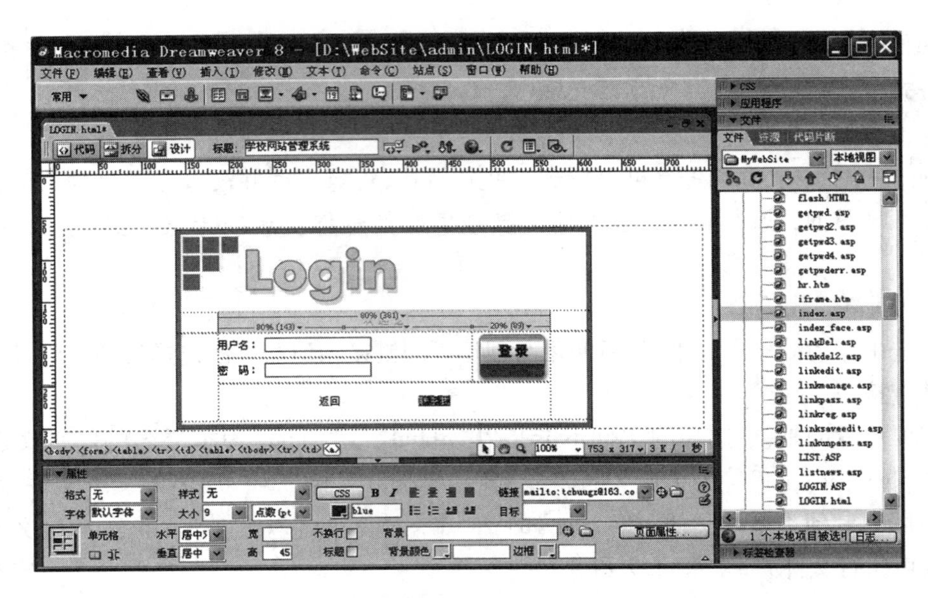

图 4.26　链接目标选择操作界面

选择文件操作界面,如图 4.27 所示。

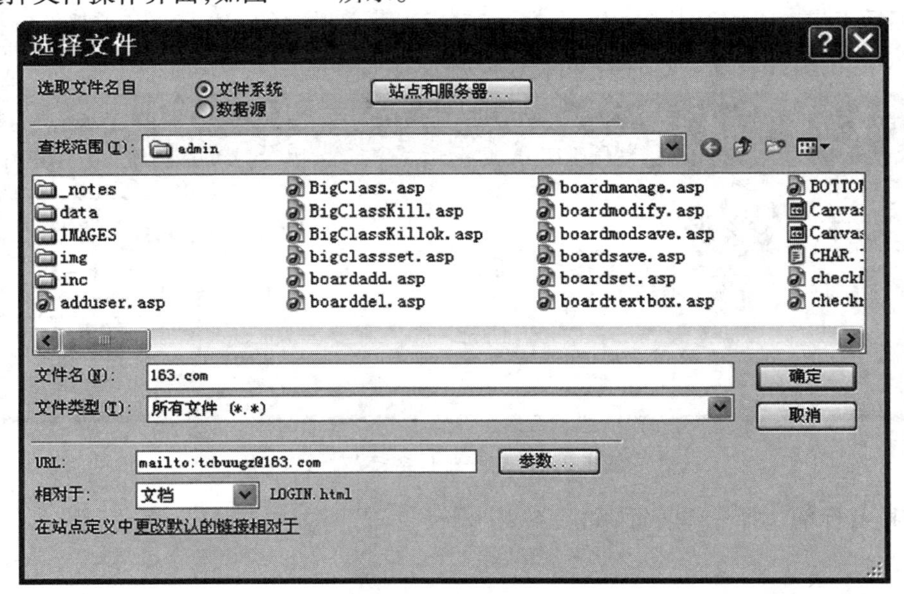

图 4.27　选择文件操作界面

3. 创建锚点链接

为了在一个页面内部的不同位置进行跳转,首先需要在这些位置上创建“锚点标记”。具体操作是:点击“插入栏”中的相应图标,或是点击菜单栏中的“插入◇命名锚记”项,打开“命名锚记 ”对话框即可,如图 4.28 所示。

图 4.28 “命名锚记”对话框

锚点创建好后,可使用创建文字链接的方式创建到锚点的链接。区别是在属性检查器对话框的“链接”项中不能输入文件名,而是要输入一个以“#”开头,后面跟着目的锚点名称的一个文本串,或是打开“超级链接”对话框,在“链接”项中选择或输入,如图 4.29 所示。

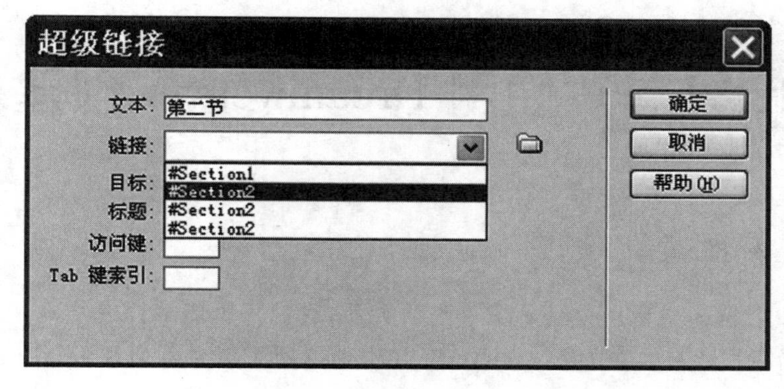

图 4.29 “超级链接”对话框

4. 创建热点

普通的链接方式只能在一个元素上创建一个链接,但有时像地图这样的图片,可能包含有多个链接,当单击不同的省区时可以跳转到不同的网页上,这时就需使用热点技术。需要注意的是,热点必须作用在图片上。

在图 4.30 地图对话框的左下角,有三个热点图形选择按钮,分别是矩形、圆形和多边形,对于复杂的热点图形可以选择多边形工具来进行描画。

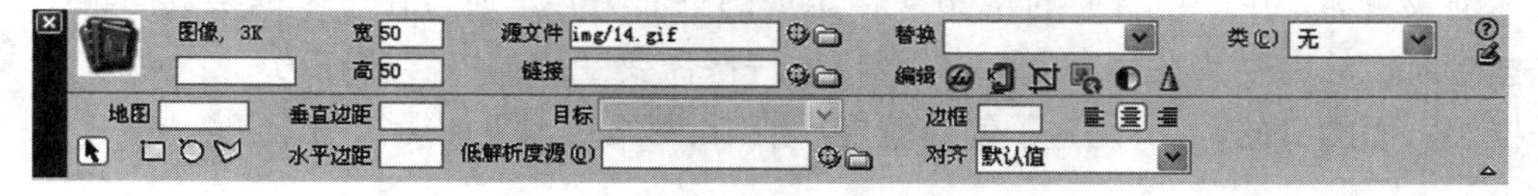

图 4.30 热点图形选择按钮

三、任务检测

相关知识

本任务所涉及的知识点如下：

1. 创建页间链接
2. 下载与发送邮件
3. 创建锚点链接
4. 创建热点

任务5 使用 Dreamweaver 创建框架

任务描述

为了在一个浏览器窗口中显示多个不同页面，我们可以使用框架结构，它是网页中经常使用的布局方式之一。在 Dreamweaver 8.0 中创建网页框架集需要分两步进行，即显示框架边框和创建网页框架集。

任务目标

- 会创建与保存框架
- 能对框架进行编辑与修改

任务分析

框架页面是由一组普通的 Web 页面组成的页面集合。通常在一个框架页面集中，将一些导航性的内容放在一个页面中；而将另一些需要变化的内容放在另一个页面中。使用框架页面的目的，主要是为了使导航更加清晰、网站结构更加简洁明了。

任务实施

一、任务准备

熟悉 Dreamweaver 8.0 中创建网页框架的操作菜单内容，理解框架页面的相关概念。

1. 框架

框架是浏览器窗口中的一个区域，它可以显示与浏览器窗口的其余部分所显示内容无关的网页文件。

2. 框架集

框架集是一个独立的网页文件，它定义了一组框架的布局和属性，将一个窗口通过行和列的方式分割成多个子框架，而子框架的多少取决于具体有多少个网页，而每个子框架中要显示的就是不同网页的内容。

二、任务实施

1. 创建与保存框架

框架的功能就是实现在一个浏览器窗口中显示多个独立的页面，另外还可以把网站中多个页面相同的部分单独制作成一个页面。

（1）使用新建文档对话框创建

具体操作是：点击菜单栏中的“文件◇新建”项，或是在起始页对话框中点击“框架集”，将会打开“新建文档”对话框，在“类别”项中选择“框架集”，再在框架集中选择相应的样式，对话框的右侧会显示出所选样式的预览图，最后点击“创建”按钮即可（见图4.31）。

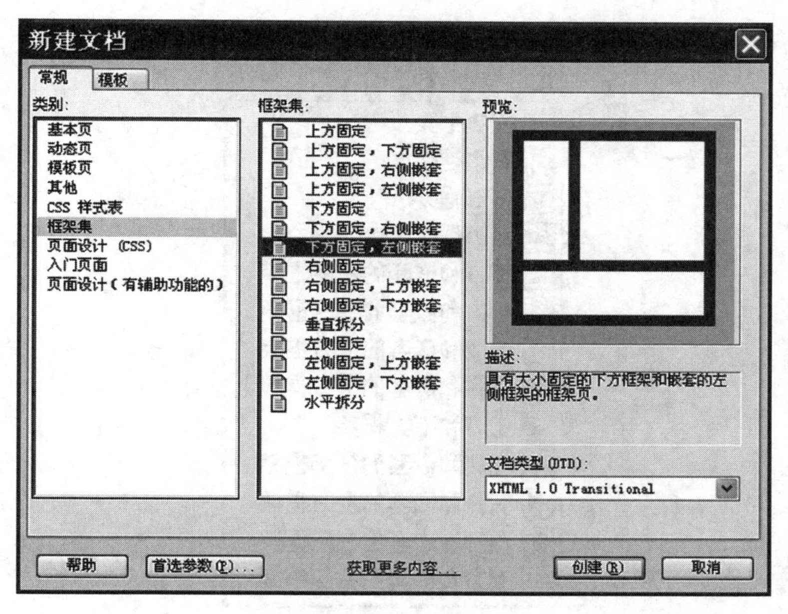

图4.31 新建文档对话框

框架集创建成功后，马上会显示出“框架标签辅助功能属性”对话框（图4.32），在其中的“框架”项中给出了每个框架的内部名称；而在“标题”项中，对应每个框架，用户可以指定一个名称，该名称由开发者在页面设计时使用（如超链接）。

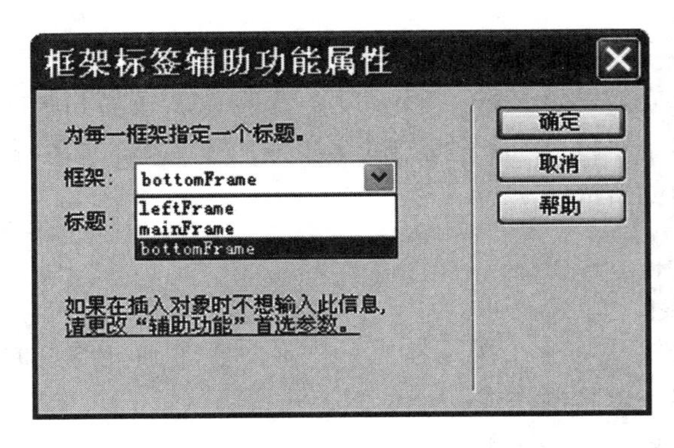

图 4.32 “框架标签辅助功能属性”对话框

(2)使用插入栏创建

新建一个普通页面,在“布局插入栏”中选择“框架”按钮,点击其右侧的下拉按钮后,将会出现一个含有多个预制框架集的选择列表,然后在其中选择相应的框架集样式(见图 4.33)。

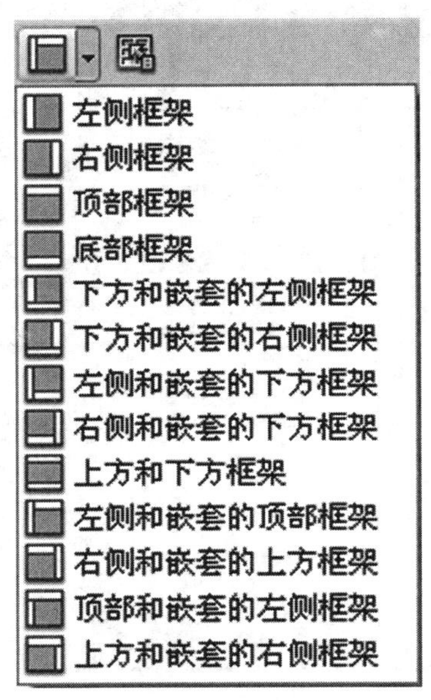

图 4.33 多个预制框架集的选择列表

(3)保存框架

编辑完框架的各个部分后,就将其保存。需要注意的是,框架的保存不同于普通页面的保存,框架保存时需要对框架集中的每个部分(即子框架中包含的页面)进行保存,然后再保存整个框架集;也就是说,保存框架后的实际文件个数会比设计时见到的部分多一个。

2. 框架的编辑与修改

(1)编辑框架内容

在框架中编辑页面内容的方法与在普通页面中相似,只需要选择指定的子框架部分,或是使用“框架面板”对话框选择相应框架,即可在其中进行内容编辑(见图4.34)。

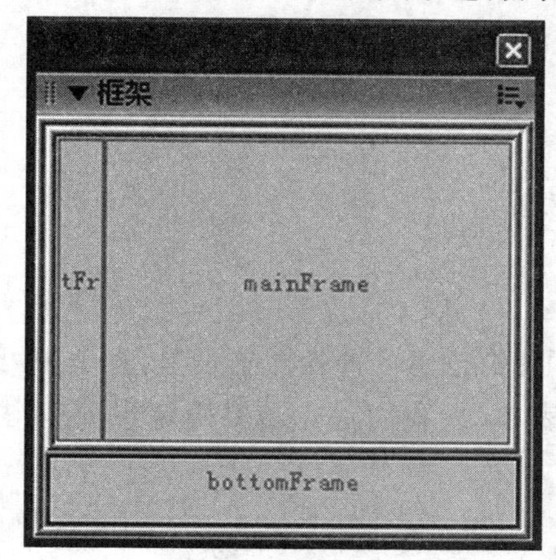

图4.34　编辑框架

(2)修改框架结构

框架创建好后,即可在设计视图中对其进行有限的修改;当然也可使用框架属性检查器进行修改(见图4.35)。

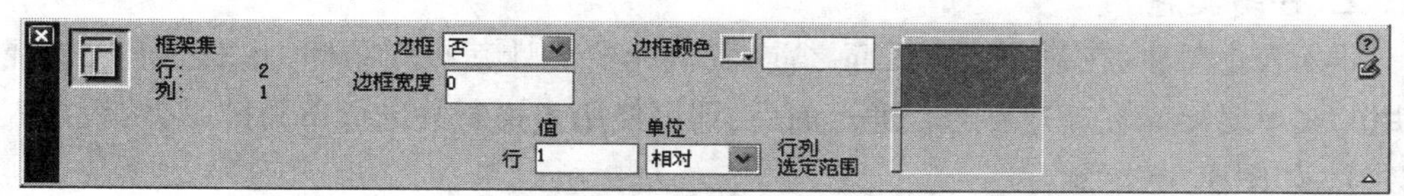

图4.35　修改框架结构

三、任务检测

本任务所涉及的知识点如下:

1. 创建与保存框架
2. 对框架进行编辑与修改

任务6　使用 Dreamweaver 创建表单

任务描述

网页设计中经常要制作一些搜集用户信息的页面,在这些页面中用到的对象元素被称为表单。一个完整的表单由两部分组成,一个是网页中进行描述的表单对象;另一个是指定接收信息的应用程序。它可以是服务器端,也可以是客户端,主要用于对客户信息进行分析和处理。

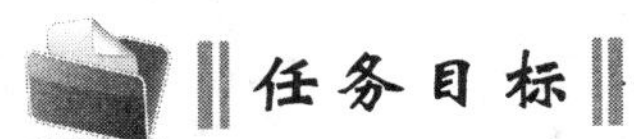

任务目标

- 在网页中插入表单对象

任务分析

在 Dreamweaver 8.0 中能够创建各种各样的表单,表单中可以包含各种对象,例如文本域、按钮、列表等。创建表单时,我们首先需要确定想要获得的信息,然后依据这些内容,来着手制作表单。

任务实施

一、任务准备

熟悉表单对象的内容,具体包括:表单、文本域、隐藏区域、复选框、单选按钮、列表/菜单与跳转菜单、图像区域、文件域、按钮等。

二、任务实施

插入表单对象:在建立表单页面之前,我们先要设计其布局结构,并根据需要选择要使用的表单对象。在新建一个普通页面后,即可使用表格对其进行布局排版,然后插入表单对象,如图 4.36 所示。

图 4.36　表单操作界面

三、任务检测

相关知识

本任务所涉及的知识点是:在网页中插入表单对象

任务7 创建动态网页

任务描述

动态网页主要应用于Web数据库系统。当脚本程序访问Web服务器端的数据库时，将得到的数据转变为HTML代码，发送给客户端的浏览器，客户端的浏览器就显示出了数据库中的数据。用户要写入数据库的数据，可填写在网页的表单中，然后发送给浏览器，并由脚本程序将其写入到数据库中。

任务目标

- 能创建层与时间轴
- 能利用行为制作动态网页

任务分析

动态网页就是根据用户的请求，由服务器动态生成的网页。当用户发出请求后，就从服务器上获得生成的动态结果，并以网页的形式显示在浏览器中。浏览器发出请求指令之前，网页中的内容其实并不存在，这就是其动态名称的由来。为了增加页面的动感显示效果，或是实现用户与页面的简单交互，Dreamweaver 8.0 提供了非常方便和简单的机制来实现动感网页的创建。

任务实施

一、任务准备

熟悉层的内容及含义。层是CSS中的一种定位技术，Dreamweaver对其进行了可视化处理。使用层以后，可把任意元素放置在层内，并且层可以放置在网页中的任何一个位置上，这样可以使元素重叠显示，使其具有立体效果。

二、任务实施

1. 层与时间轴

(1)创建层

层的创建非常方便。在Dreamweaver中点击菜单栏中的“插入◇布局对象◇层”选项，或是在“布局插入栏”中点击相应按钮，然后在编辑区中按住鼠标左键，拖动出一个矩形，矩形的大小就是层的大小，释放鼠标后层就会出现在页面中（见图4.37）。

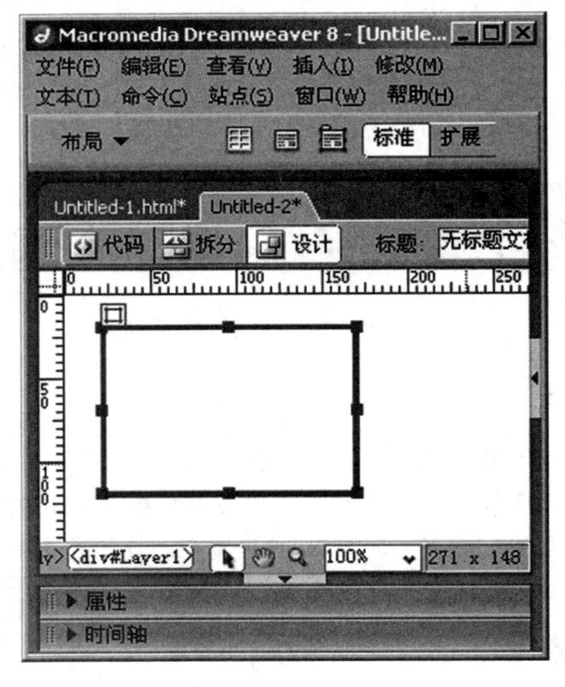

图4.37 层的创建界面

层创建好后，可以通过“属性检查器”进行属性值的修改（见图4.38）。

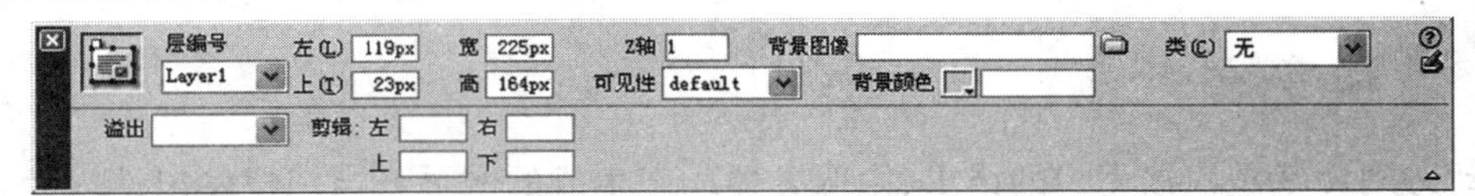

图4.38 “属性检查器”窗口

(2)时间轴

时间轴是根据时间的流逝，移动图层位置或改变图层的样式，从而显示动画效果的一种动画编辑界面，在时间轴中包含了制作动画时所必需的各种功能（见图4.39和图4.40）。

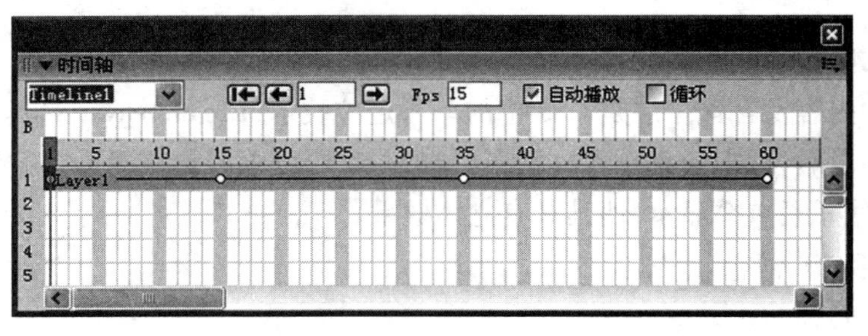

图4.39 时间轴操作界面

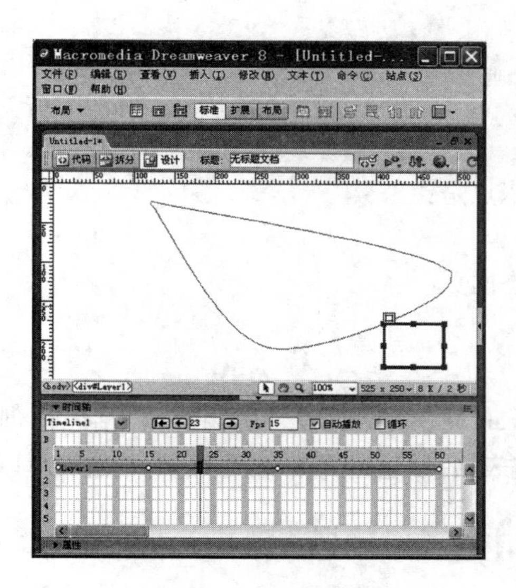

图 4.40　层与时间轴操作界面

2. 利用行为制作动态网页

除了使用时间轴制作动态页面外，还可以利用行为来创建，行为是事件和由该事件触发的动作的组合。事件是由浏览器生成的消息，指示访问该页的用户执行了某种操作。动作是由 Dreamweaver 8.0 中预先内置的 JavaScript 代码组成的，这些代码放置在文档中，执行特定的任务，它允许用户与网页进行交互，从而以多种方式更改页面或引起某些任务的执行。

Dreamweaver 8.0 中提供了多个事件，在"行为标签检查器"中可设置这些事件和相关的动作（见图 4.41）。

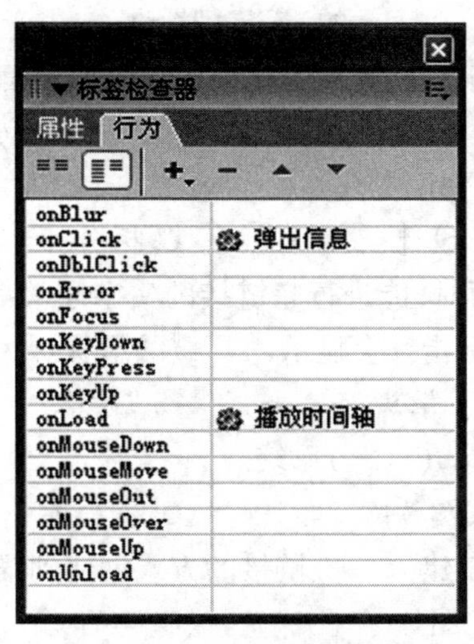

图 4.41　"行为标签检查器"窗口

添加动作的操作是：先选择想要触发的事件，然后点击"行为标签检查器"中的 按钮，再在弹出的菜单中选择想要的动作。

三、任务检测

相关知识

本任务所涉及的知识点是:

1. 创建层与时间轴
2. 利用行为制作动态网页

单元小结

本单元重点介绍 Dreamweaver 网页设计的内容,包括怎样创建站点(并进行站点管理)、创建基本网页、创建表格、创建超链接、创建框架、创建表单以及创建动态网页等。

综合测试

一、填空题

1. 菜单栏下面的插入栏的作用如同快捷工具栏,包含用于创建和插入对象的各种按钮,包括____________、____________和____________等。
2. 表格是网页设计时不可缺少的重要元素,它可以将____________、____________和____________等元素有序地显示在页面上。
3. 将____________网页、____________网页、____________和____________等链接在一起的技术,称为“超级链接”。
4. 创建下载链接时,被选择的文件不能是以“____________”或“____________”为扩展名的网页文件。
5. 时间轴是根据____________的流逝,移动____________位置或改变图层的____________,从而显示动画效果的一种动画编辑界面。

二、选择题

1. 文档编辑区包含的三种视图方式是(　　)。
   A. 代码　　B. 设计　　C. 拆分　　D. 组合
2. 当在浏览器中显示页面时,能进行超链接的文字通常都显示为蓝色且带有下划线,当用鼠标指向它时,鼠标指针会显示(　　)的形状。
   A. “小手”　　B. “拳头”　　C. “手掌”　　D. “拇指”
3. 动态网页主要应用于 Web(　　)系统。
   A. 数据库　　B. 图片库　　C. 资料库　　D. 信息库
4. 锚点创建好后,可使用创建(　　)链接的方式创建到锚点的链接。
   A. 文字　　B. 图片　　C. 声音　　D. 视频
5. 行为是事件和由该事件触发的(　　)的组合。
   A. 动作　　B. 行动　　C. 动态　　D. 动感

三、简答题

说明表格使用时的注意事项。

单元五　网页动态功能扩展

单元概述

单一地利用 Dreamweaver 创建网页具有一定的局限性，如不能实现互动式的聊天室功能，以及网上购物功能等。因此，要创建功能强大的动态网页，还需要与 ASP 进行结合。ASP 使用 VBScript 或 JavaScript 等简单的脚本语言，结合 HTML 代码，可以快速编写动态网站程序。它以扩展名.asp 的文件形式存放在 Web 服务器上，可以使用任意文本编辑器打开它，并进行必要的修改。

单元目标

- VBScript 脚本语言的使用
- ASP 程序设计的基本内容
- 使用 ASP 连接数据库
- 创建新闻板块

任务 1 ASP 基础知识及使用的脚本语言

任务描述

ASP(Active Server Pages)即活动服务器页面,它是一个服务器端脚本环境,并按照下列步骤对动态页面进行处理:

1. 浏览器向服务器请求 ASP 文件。
2. 服务器端脚本开始编译运行 ASP 程序。
3. 根据 ASP 运行的结果,产生标准的 HTML 文件。
4. 产生的 HTML 文件作为用户请求的响应传回给用户端浏览器并解释运行。

任务目标

- 能熟悉 ASP 的文件结构
- 会创建简单的 ASP 程序
- 会使用 VBScript 脚本语言编程

任务分析

ASP 文件由 HTML 标记和脚本语言组合而成,它的扩展名是. asp。ASP 和 VBScript 或 JavaScript 等脚本语言有很大区别,VBScript 和 JavaScript 是在客户端执行,而 ASP 程序代码必须在服务器端执行。

一、任务准备

了解一个简单的 ASP 程序所包含的内容,具体包含:

1. HTML 标记
2. VBScript 或 JavaScript 脚本代码
3. ASP 语法

二、任务实施

1. 创建 ASP 程序时应注意的问题

ASP 程序可用文本编辑器来编写,也可以使用 FrontPage、Dreamweaver 等网页制作软件编写,需要注意的问题是:

(1)在 ASP 程序中,字母不区分大小写。

(2)在 ASP 中,除了字符串中输出的标点符号可以是中文全角字符外,其余需要输入标点符号的地方,输入的都必须是英文半角字符。

(3)ASP 语句必须分行书写。不能将多条 ASP 语句写在一行,也不能将一条 ASP 语句写在多行。可以用回车键将其分成多行,但必须在每行末尾加上一个下划线“_”作为续行符。

(4)在 ASP 中,用“REM”或单引号“'''”表示其后的一行语句是注释语句。

(5)“<%”和“%>”的位置是相对随意的,既可以和 ASP 语句放在一行,也可以单独成一行。

2. VBScript 脚本语言

脚本由一系列的脚本命令组成,如同一般的程序。脚本可以将一个值赋给一个变量,也可以命令 Web 服务器传递一个值到客户端浏览器,还可以定义过程和函数。以下重点介绍 VBScript 脚本语言,它所包含的内容如下:

(1)变量

VBScript 只有一种数据类型,即 Variant,称为变体型。最简单的 Variant 可以包含数字或字符串信息。Variant 用于数字上下文中时作为数字处理,用于字符串上下文中时作为字符串处理。

在 VBScript 中,变量的命名必须遵循以下规则:

①变量的第一个字符必须是字母。

②不能与 VBScript 的关键词相同。

③不能包含嵌入的句点“.”。

④长度不得超过 255 个字符。

⑤在变量的作用域内变量名必须唯一。

声明变量一般采用 Dim 语句,其语法格式为:

Dim <变量名1>[,<变量名2>][,<变量名3>]...[,<变量名n>]

(2)数组

将一组相关的数据存放于一个变量,则称其为一个数组。数组的定义和普通变量一样,唯一的区别就是在定义数组时,数组名后要加上括号“()”。如:Dim array(5),这是声明了一个包含 6 个元素的一维数组,下标范围从 0 到 5。

(3)运算符与表达式

VBScript 运算符包括算术运算符、连接运算符、比较运算符和逻辑运算符几种类型。当表达式包含多个运算符时,按预定顺序计算每一部分,该顺序称为运算优先级。

①算术运算符用来执行简单的算术运算。

②“+”和“&”是字符串连接运算符,两者可以将两个字符串连在一起,生成一个较长的字符串。

③比较运算符用来对两个表达式的值进行比较。

④逻辑运算符用来连接两个或多个关系式并组成一个布尔表达式。

(4)过程和函数

VBScript 的模块化程序设计一般可以通过过程来实现，过程分为子过程和函数两种类型。

①子过程基本格式如下：

```
Sub Name([参数列表])
    程序语句
End Sub
```

②函数的基本格式如下：

```
Function Name([参数列表])
    程序语句
    Name = 表达式
End Function
```

(5)程序流程控制

对程序进行流程控制时，需要使用选择和循环语句。常用的选择语句是 If... Then... Else 和 Select Case 结构。

①If... Then... Else 语句的基本格式如下：

```
If 条件表达式 Then
    程序语句 1
Else
    程序语句 2
End If
```

②多重选择还可以使用 Select Case 语句。它的基本格式是：

```
Select Case 表达式
Case 表达式列表 1
    程序语句 1
Case 表达式列表 2
    程序语句 2
……
Case Else
    程序语句 n
End Select
```

③循环用于重复执行一组语句，在 VBScript 程序中可以使用下列循环语句。

Do... Loop：当(或直到)条件成立时循环。

For... Next：指定循环次数，使用计数器重复运行语句。

For Each... Next：对于集合中的每项或数组中的每个元素，重复执行一组语句。

Do... Loop 循环用于重复执行一个语句块，重复次数不固定。Do... Loop 循环有多种形式，下面是其中的两种：

形式 1：

```
Do While 条件表达式
    循环体
Loop
```

形式 2：

```
Do
    循环体
Loop While 条件表达式
```

For...Next 循环用于控制循环体的执行次数。其语法结构如下：

```
For 循环变量 = 初始值 To 结束值 [Step 步长值]
    循环体
Next
```

For Each 循环只对数组或对象集合中的每个元素重复循环体。其语法如下：

```
For Each 元素 In 集合
    循环体
Next
```

三、任务检测

特别提示

注意动态网页与静态网页的区别：动态网页中的某些脚本只能在 Web 服务器上运行，而静态网页中的任何脚本都不能在 Web 服务上运行。当 Web 服务器接收到对静态网页的请求时，服务器将该页发送到请求浏览器，而不做进一步的处理。当 Web 服务器接收到对动态网页的请求时，它将该页传递到应用程序服务器，应用程序服务器负责完成页。

本任务的知识点如下：

1. 熟悉 ASP 的文件结构
2. 创建简单的 ASP 程序
3. 使用 VBScript 脚本语言编程

任务 2 ASP的内置对象

任务描述

对象是指由作为完整实体的操作和数据组成的变量。对象均基于特定模型，用户可通过由对象提供的一组方法或相关函数的接口来访问对象的数据，或执行相应的操作。

ASP 主要包括 6 种内置对象，大部分功能都是通过这 6 种内置对象来实现的。它们分别是：Request 对象、Response 对象、Application 对象、Server 对象、Session 对象和 ObjectContext 对象。

任务目标

- 能理解 Request 对象
- 能理解 Response 对象
- 会使用 Cookie
- 能理解 Application 对象
- 能理解 Session 对象
- 能理解 Server 对象

任务分析

上述 6 种内置对象中，Request 对象和 Response 对象最为重要，它们连接服务器与客户机，起到信息传递的作用。使用 Request 对象，可以接收用户基于 HTTP 请求的所有信息。通过 Request 对象，也可以访问发送到服务器的二进制数据。而 Response 对象可以通过多种方式将服务器端数据发送到客户端，如客户端显示、用户浏览页面的重定向以及在客户端创建 Cookie 等。

Request 和 Response 对象的功能是相对的，它们结合在一起可实现客户端 Web 页面与服务器端 ASP 文件之间的数据交换，其工作原理如图 5.1 所示。

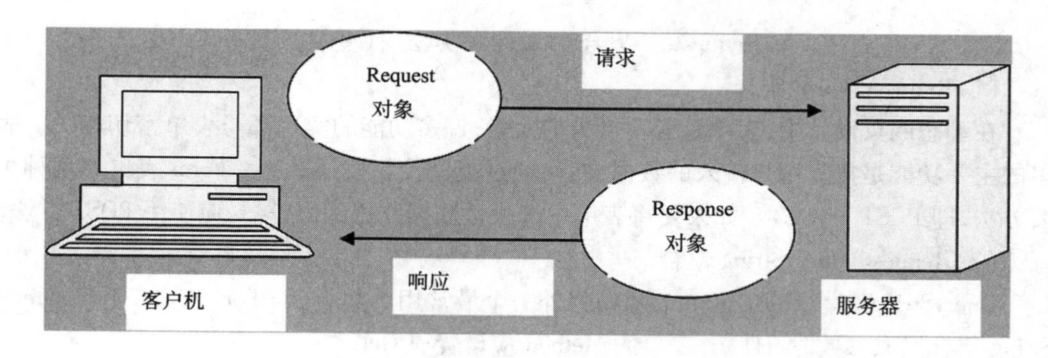

图 5.1 Request 和 Response 对象

任务实施

一、任务准备

ASP 的内置对象包含方法、属性和集合。其中,方法决定了可以用这个对象做什么事情;属性可以读取对象状态或者设置对象状态;集合是由很多与对象有关的不同键和值配对组成的。

二、任务实施

1. Request 对象

Request 对象主要用来访问从浏览器发送到服务器的请求信息,可用该对象读取已输入 HTML 表单的信息。Request 对象提供了 5 个集合,可以用来获取客户端对 Web 服务器请求的各类信息,其说明见表 5.1。

表 5.1 Request 对象提供的 5 个集合

集合	说 明
Form	METHOD 的属性值为 POST 时,所有作为请求提交的 <FORM> 段中的 HTML 控件单元的值的集合,每个成员均为只读
QueryString	依附于用户请求的 URL 后面的名称/数值对或者作为请求提交的且 METHOD 属性值为 GET(或者省略其属性),或 <FORM> 中所有 HTML 控件单元的值,每个成员均为只读
ServerVariables	随同客户端请求发出的 HTTP 报头值,以及 Web 服务器的几种环境变量值的集合,每个成员均为只读
Cookies	根据用户请求,用户系统发出的所有 Cookie 值的集合,这些 Cookie 仅对相应的域有效,每个成员均为只读
ClientCertificate	当客户端访问一个页面或其他资源时,用来向服务器表明身份的客户证书的所有字段或条目的数值集合,每个成员均是只读

在上述集合之中,最常使用的是 Form、Cookies 和 QueryString 集合。Request 对象可以利用集合、属性和方法等来进行参数的传递。其语法格式为:

Request.[集合 | 属性 | 方法](变量)

(1)Request. Form 集合

在动态网页设计中,表单是必不可少的元素,许多功能的实现都与表单密切相关。表单的主要功能是接受用户输入的数据,然后通过提交按钮发送数据。Form 表单有两种主要方法,即 POST 和 GET。如果要将表单中的大量数据发送到服务器,应使用 POST 方法。

(2)Request. QueryString 集合

QueryString 集合是 Request 对象中另外一个最常用的集合,与 Form 集合不同,QueryString 集合读取参数时,HTML 表单的 Method 应设置成 Get。

除了读取表单对象传递的参数之外,QueryString 集合还可以通过读取 HTTP 查询字符串中的参数值来传递参数。使用 QueryString 集合的语法格式如下:

Request. QueryString(变量)[(Index)]|. Count]

2. Response 对象

Response 对象主要用来输出信息到客户端,包括直接发送信息给浏览器、重定向浏览器到另一个 URL 或设置 Cookie 值等功能。Response 对象提供了集合、属性、方法等用来进行参数的传递。

(1)Response 对象的方法

Response 对象的方法有 8 种,它们分别是:Write、Redirect、Clear、Flush、End、BinaryWrite、AddHeader 和 AppendToLog。

(2)Response 对象的属性

Response 对象的属性主要包括 Buffer、ContentType、Expires 等。Buffer 属性是 Response 对象使用较多的属性之一,它主要用来控制缓存功能的打开和关闭。ContentType 属性指定服务器发送给客户端的 HTTP 内容类型或标准 MIME 类型。Expires 属性用来确定在浏览器上缓冲存储的页面距离过期还有多少时间。

3. 使用 Cookie

Cookie 是一种标记,由 Web 服务器嵌入用户浏览器中以标识用户。当用户下次再次访问同一个页面时,它将把以前从 Web 服务器得到的 Cookie 再传给服务器。

(1)Cookies 的属性

Cookies 的属性见表 5.2。

表 5.2　Cookies 的属性

属性	说　明
Expires	只写属性。指定 Cookie 的过期日期。为了在会话结束后将 Cookie 存储在客户端磁盘上,必须设置该日期。若此项属性的设置未超过当前日期,则在任务结束后 Cookie 将到期
Domain	只写属性。指定只有某个域可以存取该 Cookie
Path	只写属性。指定只有特定路径可以存取该 Cookie,默认为应用程序的路径

（续表）

属性	说　明
HasKeys	只读属性。指定 Cookie 是否包含关键字
Secure	只写属性。用于设定 Cookie 是否在一个安全的渠道传递。当一个安全渠道没有在 HTTP 首页被发现,Cookie 信息将不发送

（2）设置 Cookie

Cookie 是通过 Response 对象的 Cookies 集合来创建的。如果 Cookie 已存在,可以通过 Response 对象来设置新的 Cookie 值并删除旧值。

（3）获取 Cookie

要获取 Cookies 的值,可以使用 Request 对象的 Cookies 集合。

4. Application 对象

Application 对象是服务器硬盘上的一组应用程序,也就是虚拟目录及其子目录下的一组主页及 ASP 文件。Application 对象的所有数据可以在整个应用程序内部共享,并且对所有用户均可见。

（1）Application 对象的集合

ASP 的 Application 对象有两个集合:Contents 和 StaticObject。Contents 集合是由所有通过脚本语言添加到应用程序的变量和对象组成的集合。Contents 集合是 Application 对象所记录的所有非对象变量,是 Application 对象默认的集合。

（2）Application 对象的方法

Application 对象共有两个方法,分别是 Lock 和 Unlock 方法。在使用 Lock 方法后,可防止其他用户修改存储在 Application 对象中的变量,直到用户使用 Unlock 方法或超时,才解开 Application 对象。这样就确保在同一时刻只有一个用户可以修改和存储 Application 对象中的变量。

（3）Application 对象的事件

Application 对象包含 Application_OnStart 和 Application_OnEnd 两个事件。Application_OnStart 事件是在 Application 对象开始时被触发,并且只在第一个用户的第一次请求时触发一次。它主要用于初始化变量、创建对象和运行其他代码。Application_OnEnd 事件是在整个 Application 对象结束时才被触发的。当它被触发时应用程序的所有变量也相应被取消。

5. Session 对象

Session 指用户从到达某个站点直到离开为止的那段时间内,服务器端分配给用户的一个存储信息的全局变量的集合。当用户请求 ASP 应用程序的某个页面时,若用户尚未建立 Session 对象,服务器端就会自动创建一个 Session 对象,并指定一个唯一的 Session ID,这个 ID 只允许此 Session ID 的拥有者使用,不同用户的 Session 存储着各自特定的信息。

(1)Session 对象的集合

与 Application 对象一样,Session 对象也有两个集合:Contents 集合和 StaticObjects 集合。其中,Contents 集合保存所有非对象的 Session 变量,而 StaticObjects 集合则保存所有 Session 对象的变量。

(2)Session 对象的属性

Session 对象最常用的两个属性是:SessionID 和 TimeOut。通过对这些属性的设置,可以实现对用户身份的标识,刷新时间的限定,日期、时间、货币显示格式的控制等。

(3)Abandon 方法

Abandon 方法可以用来删除用户的 Session 对象并释放其所占用的资源。Session 对象的 Abandon 方法只是用来取消 Session 变量,并不取消 Session 对象本身。

(4)Session 对象的事件

Session 对象有 Session_OnStart 和 Session_OnEnd 两个事件,它们分别用于 Session 对象的启动和结束时的运行过程。在一个 Session 开始时,Session_OnStart 事件被触发;而在一个 Session 结束时,Session_OnEnd 事件被触发。

6. Server 对象

在 ASP 中,当处理 Web 服务器上的特定任务,特别是一些与服务器的环境和处理活动有关的任务时,需要用到 Server 对象。Server 对象通过属性和方法来访问 Web 服务器,从而实现对数据、网页、外部对象和组件的管理。

三、任务检测

相关知识

本任务所涉及的知识点如下:

1. 理解 Request 对象
2. 理解 Response 对象
3. 使用 Cookie
4. 理解 Application 对象
5. 理解 Session 对象
6. 理解 Server 对象

任务3 数据库应用

任务描述

由于动态网站在创建或运行时要涉及大量的数据，因此，创建动态网站时，除了使用HTML、ASP和脚本语言外，还必须要有数据库的支持。我们将网站数据库化，就是只需更新数据库的内容，网站的内容就会被自动更新。

任务目标

- 能创建 Access 数据库
- 能理解 ADO 对象模型
- 能设置 Connection 对象
- 能设置 Command 对象
- 能设置 RecordSet 对象

任务分析

Access 是 Windows 环境下使用的可视化的关系型数据库系统，与其他关系型数据库系统相比，Access 提供的各种工具简单且方便，另外，Access 提供了强大的自动化管理功能。

任务实施

以具有代表性、普适性的案例为载体进行展开。如果一个载体不足以说明问题，或从普适性和代表性的角度看，体现不足。则可以在【任务拓展】栏目补充说明。

一、任务准备

安装 Access。

二、任务实施

1. Access 数据库的基本知识

(1) ADO 对象模型

要使用数据库，首先要建立与数据库的连接。目前，微软对应用程序访问各种各样的数据源所使用的方法是 OLE DB。为了使流行的各种编程语言都能够编写出符合 OLE DB

标准的应用程序，微软在 OLE DB 之上提供了一种面向对象的、与语言无关的应用程序接口，即 ADO。

ADO 对象模型包括 7 个对象和 4 个集合，通过 Connection、Command 和 Recordset 对象，可以方便地建立数据库连接，执行 SQL 查询及存取查询的结果。ADO 对象模型如图 5.2 所示。

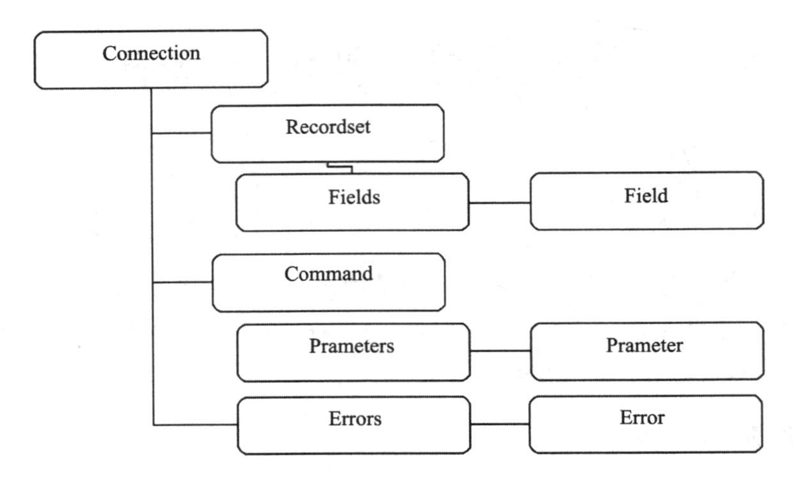

图 5.2　ADO 对象模型

(2) Connection 对象

Connection 对象又称连接对象，用于建立和管理应用程序与数据源之间的连接。利用 Connection 对象建立连接后，就可以使用 Command 对象和 Recordset 对象对 Connection 对象所连接的数据库进行增加、删除、更新和查询等操作。

Connection 对象的属性和方法可用于打开和关闭数据库连接，并发布对更新信息的查询。Connection 对象的常用属性及说明见表 5.3。

表 5.3　Request 对象提供的 5 个集合

属性	意义描述
CommandTimeout	定义了使用 Execute 方法运行一条 SQL 命令的最长时限，默认值为 30 秒（设定为 0 表示没有限制）
ConnectionString	设定 Connection 对象的数据库连接信息，包括 FileName、Password、UserID、DataSource、Provider 等参数
ConnectionTimeout	定义了使用 open 方法连接数据源的最长等待时间，默认值为 15 秒（设定为 0 时表示没有限制）
DefaultDatabase	定义连接的默认数据库

（续表）

属性	意义描述
Mode	建立连接之前,设定连接的读写权限,决定是否可更改目前数据。0 - 不设定（默认）、1 - 只读、2 - 只写、3 - 读写
Provider	设置连接的数据提供者,默认值是 MSDASQL（Microsoft OLE DB Provider for ODBC）
State	指定连接对象的状态,0 表示关闭,1 表示打开

①创建 Connection 对象

在使用 Connection 对象之前,必须先创建它。当创建了一个 Connection 后,这个对象就有了一个实例,但应用程序与数据源之间还没有真正建立连接。

创建 Connection 对象的方法如下:

```
<% Set conn = Server.CreateObject("ADODB.Connection") %>
```

②使用 Connection 对象打开和关闭数据库

在创建了 Connection 后,就可以使用 Open 及 Close 方法打开和关闭数据库。

③Connection 对象的方法

Connection 对象的方法及其相关说明见表 5.4。

表 5.4 Connection 对象的方法及相关说明

方法	意义描述
Open	建立一个与数据源的连接对象
Close	关闭与数据源的连接,并且释放与连接有关的系统资源
Execute	执行 SQL 命令或存储过程,以实现与数据库的通讯
BeginTrans	开始一个新的事务,即在内存中为事务开辟一片内存缓冲区
CommitTrans	提交事务,即把一次事务中所有变动的数据从内存缓冲区一次性地写入硬盘,结束当前事务并可能开始一个新的事务
RollbackTrans	回滚事务,即取消开始此次事务以来对数据源的所有操作,并结束本次事务操作

（3）Command 对象

Command 对象用来定义数据库的查询动作,该查询一般采用 SQL 语句,大部分数据库都支持 SQL 语言。Command 对象的常用方法是 Execute 方法,用来运行 CommandText 属性所设定的 SQL 查询或存储过程,以实现与数据库的通讯。

2. 创建数据库的一般步骤

（1）明确建立数据库的目的

即用数据库做哪些数据的管理,有哪些需求和功能。然后再决定如何在数据库中组织信息以节约资源,怎样利用有限的资源以发挥最大的效用。

（2）确定所需要的数据表

在明确了建立数据库的目的之后，就可以着手把信息分成各个独立的主题，每一个主题都可以是数据库中的一个表。

(3)确定所需要的字段

确定在每个表中要保存哪些信息。在表中，每类信息称作一个字段，在表中显示为一列。

(4)确定关系

分析所有表，确定表中的数据和其他表中的数据有何关系。必要时，可在表中加入字段或创建新表来明确关系。

(5)改进设计

先对设计进一步分析，查找其中的错误；再创建表，在表中加入几个实际数据记录，看能否从表中得到想要的结果，需要时可调整设计。

3. 建立数据库实例

下面以某小型公司为例，建立一客户、订单、产品、雇员管理的数据库。

(1)明确目的

公司中有哪些雇员及其自然情况(何时被聘)、工作情况(销售业绩)等；公司中有哪些产品及其种类、单价、库存量、定货量等；公司有哪些客户，客户的姓名、地址、联系方式及有何订货要求等。

(2)确定数据表

客户表：存储客户信息；雇员表：存储雇员信息；产品表：存储产品信息；订单明细表：存储客户订单信息。

(3)确定字段信息

在上述相关的表中，我们可以初步确定如下必要的字段信息。习惯上，每个表都可人为设定一个关键字段。如订单表中，它的主关键字段是由多个字段组成的(产品编号、订货日期、客户编号、雇员编号)，同时也可建立以订单编号作为主关键字段的表格。请看图5.3所示的字段。

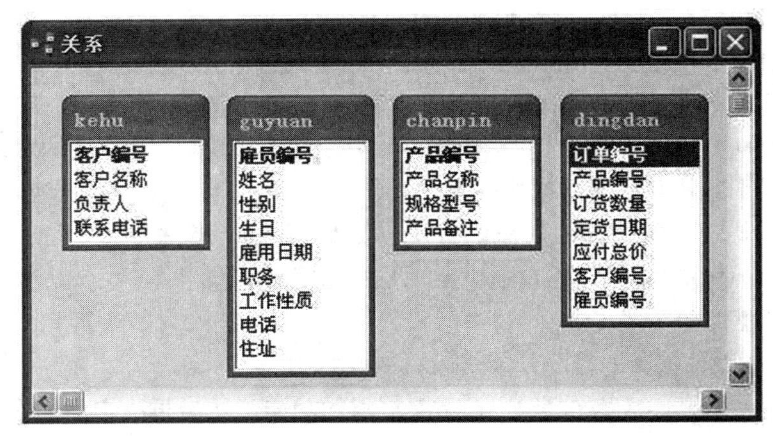

图5.3　确定字段

(4)确定表间关系。

要建立两个表之间的关系,可以把其中一个表的主关键字段添加到另一个表中,使两个表都有该字段。

图 5.4 中,课单明细表中的主关键字段是由多个字段组成的。当然也可以确定一个订单编号作为主关键字段。

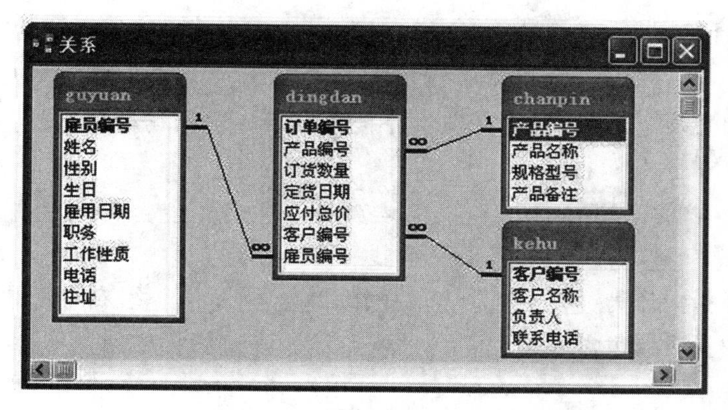

图 5.4 确定表间关系

(5)改进设计。

上图中每个表中的字段设置可以进一步完善和改进,甚至可以建立不同于初步设计时的新表来完成。若有需要,如为了进行雇员工资的发放,还可以建立工资表。

三、任务检测

特别提示

表是数据库的基础,数据库的设计关键,就是建立数据库中的基本表。

相关知识

本任务所涉及的知识点如下:

1. 创建 Access 数据库
2. 理解 ADO 对象模型
3. 设置 Connection 对象
4. 设置 Command 对象
5. 设置 RecordSet 对象

单元小结

本单元讲述的主要知识技能要点包括,VBScript 脚本语言的使用、ASP 程序设计的基本内容、使用 ASP 连接数据库等。Access 的用途体现在两个方面:一是用来进行数据分析,Access 有强大的数据处理、统计分析能力,利用 Access 的查询功能,可以方便地进行各类汇总、平均等统计,并可灵活设置统计的条件。二是用来开发软件,用来开发比如生产、销售、库存管理等各类企业管理的软件，其最大的优点是易学，即使非计算机专业的人员也能在短时间内学会。

综合测试

一、填空题

1. ASP 文件由__________标记和__________语言组合而成，它的扩展名是__________。
2. ASP 语句必须__________书写。不能将多条 ASP 语句写在__________，也不能将一条 ASP 语句写在__________。
3. VBScript 运算符包括__________运算符、__________运算符、__________运算符和__________运算符几种类型。
4. 对象就是指由作为__________的操作和__________组成的变量。
5. ASP 的内置对象包含__________、__________和__________。

二、选择题

1. 在 ASP 中，用“REM”或(　　)表示其后的一行语句是注释语句。

   A. ' '　　B. . .　　C. ""　　D. < >

2. 表单的主要功能是接受用户(　　)的数据，然后通过提交按钮发送数据。

   A. 输出　　B. 输入　　C. 输入/输出　　D. 删除

3. Connection 对象的(　　)和方法可用于打开和关闭数据库连接，并发布对更新信息的查询。

   A. 属性　　B. 性质　　C. 管理　　D. 认同

4. Application 对象和 Session 对象的区别在于 Application 对象的变量是多用户(　　)，而 Session 对象的变量是针对某一特定用户。

   A. 共享　　B. 独占　　C. 独立　　D. 均分

5. Cookie 是通过 Response 对象的 Cookies(　　)来创建的。

   A. 集合　　B. 合并　　C. 集中　　D. 分散

三、简答题

说明 ASP 对动态页面进行处理的步骤。

单元六 网站测试与上传

单元概述

在网页的编辑过程中可能会存在一些错误和失误，因此在将网站发布出去之前，最好进行一些测试，以保证页面外观、链接和效果等内容符合最初的设计。

网站设计完成并测试成功后，就要将其上传到服务器中，以便客户访问。一般来说，用户联网的首要目的就是实现信息共享，而文件传输是信息共享非常重要的一个内容。我们知道，Internet 是一个非常复杂的计算机环境，有 PC、工作站、MAC、大型机等。据统计，连接在 Internet 上的计算机已有数千万台，而这些计算机可能运行不同的操作系统，有运行 Unix 的服务器，也有运行 Windows 的 PC 机和运行 MacOS 的苹果机等，而各种操作系统之间的文件交流，需要建立一个统一的文件传输协议，这就是所谓的 FTP。基于不同的操作系统有不同的 FTP 应用程序，而所有这些应用程序都遵守同一种协议。这样用户就可以把自己的文件传送给别人，或者从其他的用户环境中获得文件。

单元目标

- 网站测试的方法
- 网站上传的方法

任务1 网站测试

任务描述

网站测试,是指当一个网站制作完成上传到服务器之后针对网站的各项性能情况的一项检测工作。它与软件测试有一定的区别,除了要求外观的一致性以外,还要求其在各种浏览器下的兼容性,以及在不同环境下的显示差异。

任务目标

- 能做兼容性测试
- 能做链接测试
- 能进行实地测试

任务分析

1. 性能测试的内容

(1)连接速度测试

用户连接到电子商务网的速度与上网方式有关,他们或是电话拨号,或者是宽带上网。

(2)负载测试

负载测试是在某一负载级别下,检测电子商务系统的实际性能。也就是能允许多少个用户同时在线,可以通过相应的软件在一台客户机上模拟多个用户来测试负载。

(3)压力测试

压力测试是测试系统的限制和故障恢复能力,也就是测试电子商务系统会不会崩溃。

2. 安全性测试的内容

它需要对网站的安全性(服务器安全,脚本安全),可能有的漏洞测试、攻击性测试、错误性测试;以及对电子商务的客户服务器应用程序、数据、服务器、网络、防火墙等进行测试,并且用相对应的软件进行测试。

3. 基本测试的内容

包括色彩的搭配,连接的正确性,导航的方便和准确,CSS 应用的统一性等。

4. 网站优化测试的内容

好的电子商务网站是看它是否经过搜索引擎优化，包括网站的架构、网页的栏目与静态情况等。

任务实施

一、任务准备

待网站制作完成后进行网站测试。

二、任务实施

1. 兼容性测试

由于现有浏览器的版本众多，各个版本之间又不完全兼容，因此网页设计人员在设计完所有页面后，就需要对其进行兼容性测试，测试目的是为了检查网站中是否有目标浏览器所不支持的标签或属性等元素，以便设计人员进行改进。

点击菜单栏中的“窗口→结果”项，打开“结果面板”对话框，在其中选择“目标浏览器检查”选项卡，将显示“目标浏览器检查”对话框（见图 6.1、图 6.2）。

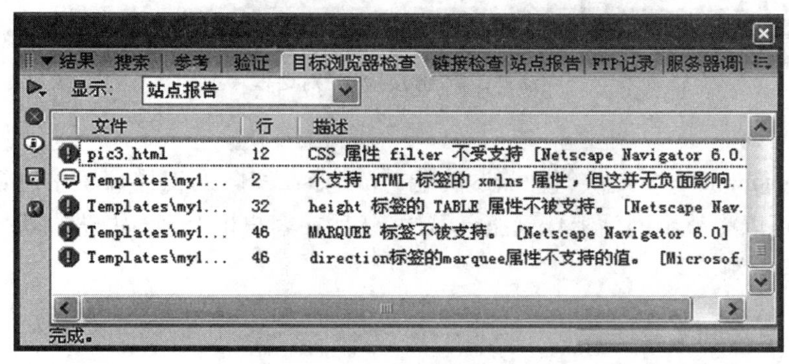

图 6.1 “目标浏览器检查”对话框

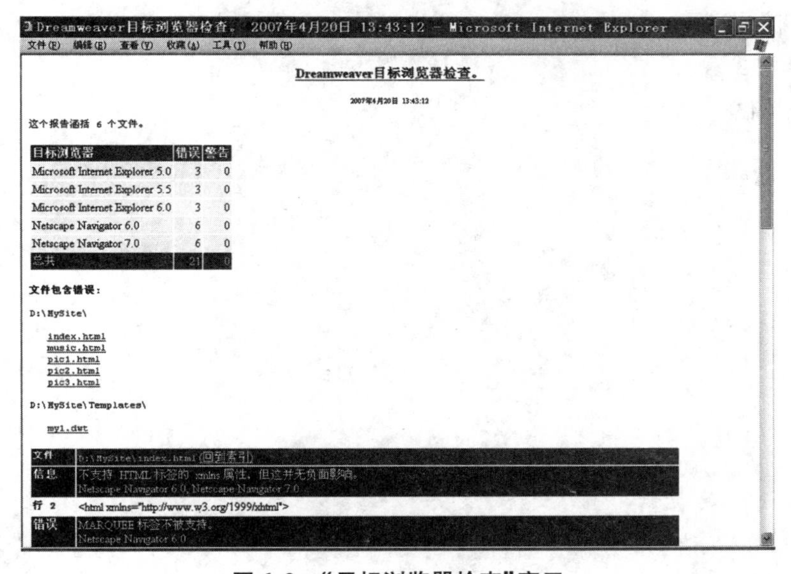

图 6.2 “目标浏览器检查”窗口

2. 链接测试

超链接是网站中最重要的元素之一,因此除了检查浏览器的兼容性外,还应该对网站中页面的链接做检查,以保证用户浏览网页时可以到达准确的位置。

在“结果面板”对话框中选择“链接检查器”选项卡,将显示“链接检查”对话框(见图6.3)。

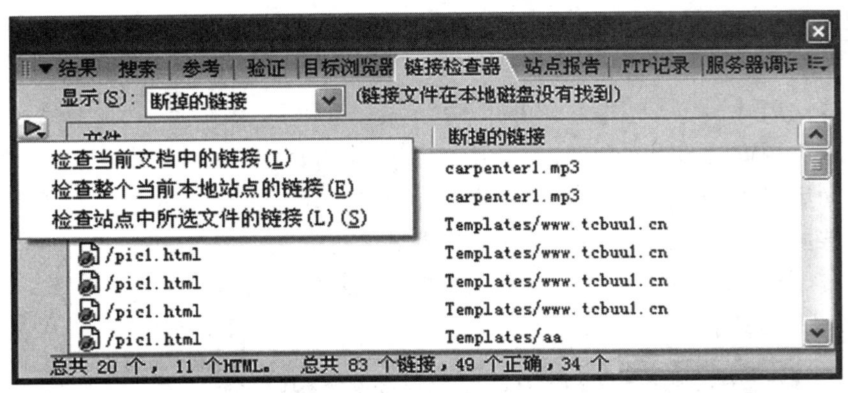

图6.3 “链接检查”对话框

3. 实地测试

不管 Dreamweaver 8 提供何种测试功能,都不如在实际的工作环境中进行测试准确。因此开发者可以将整个网站上传到服务器中,然后在客户机上浏览并进行检查。

三、任务检测

相关知识

本任务所涉及的知识点如下:

1. 兼容性测试
2. 链接测试
3. 实地测试

任务2 网站上传

任务描述

FTP 服务器是在互联网上提供存储空间的计算机，它们依照 FTP 协议提供服务。FTP 的全称是 File Transfer Protocol（文件传输协议），顾名思义，就是专门用来传输文件的协议。简单地说，支持 FTP 协议的服务器就是 FTP 服务器。

任务目标

- 会上传网站

任务分析

与大多数 Internet 服务一样，FTP 也是一个客户机/服务器系统。用户通过一个支持 FTP 协议的客户机程序，连接到远程主机上的 FTP 服务器。用户通过客户机程序向服务器发出命令，服务器执行用户所发出的命令，并将执行的结果返回到客户机。

任务实施

一、任务准备

先下载一个 flashftp 软件。

二、任务实施

下面介绍通过文件浏览器上传网页的操作方法，该方法的优点是操作方便，但只适用于 windows 系统的主机，具体方法如下：

1. 在本地电脑双击“计算机”（见图 6.4）。

图 6.4　双击计算机图标

2. 在红框处输入 ftp://您的主机 IP 地址，并回车（见图 6.5）。

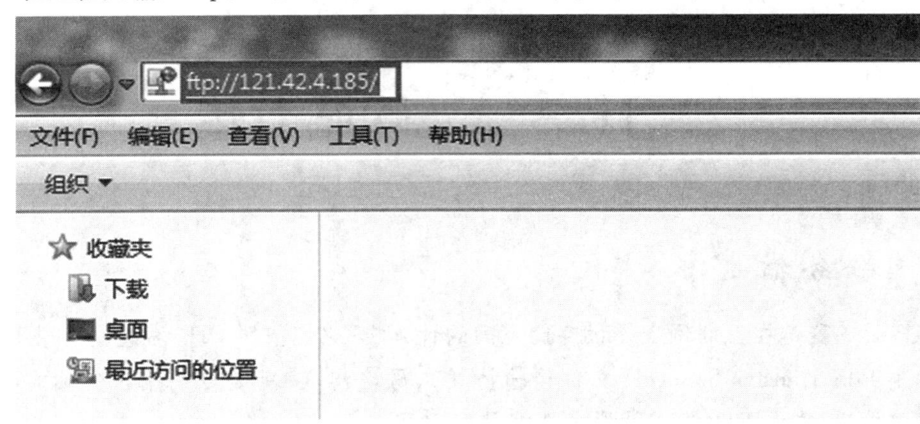

图 6.5 输入 IP 地址

3. 输入账号和密码：在用户名处输入主机的管理账号，在密码处输入主机的管理密码，如果电脑属于个人使用，可以选择勾选保存密码，下次就不必再次输入密码了；如果你忘记了主机管理账号信息，可查看如何获取主机的 IP、管理账号等信息（见图 6.6）。

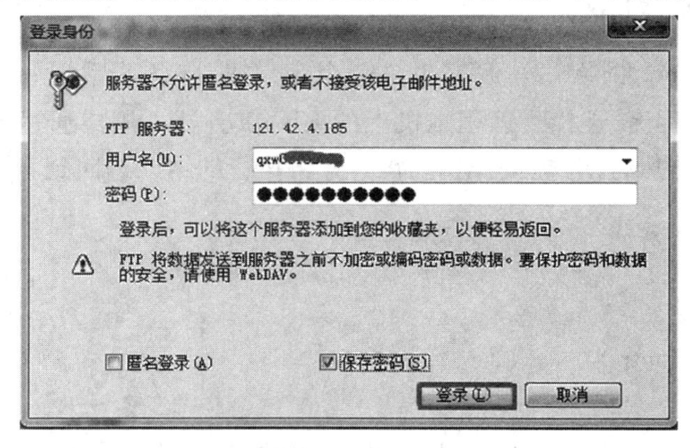

图 6.6 输入账号及密码

4. 点击登录后，可看到 FTP 上所有的文件，可将本地的网页文件复制后粘贴到 ftp 目录下（见图 6.7）。

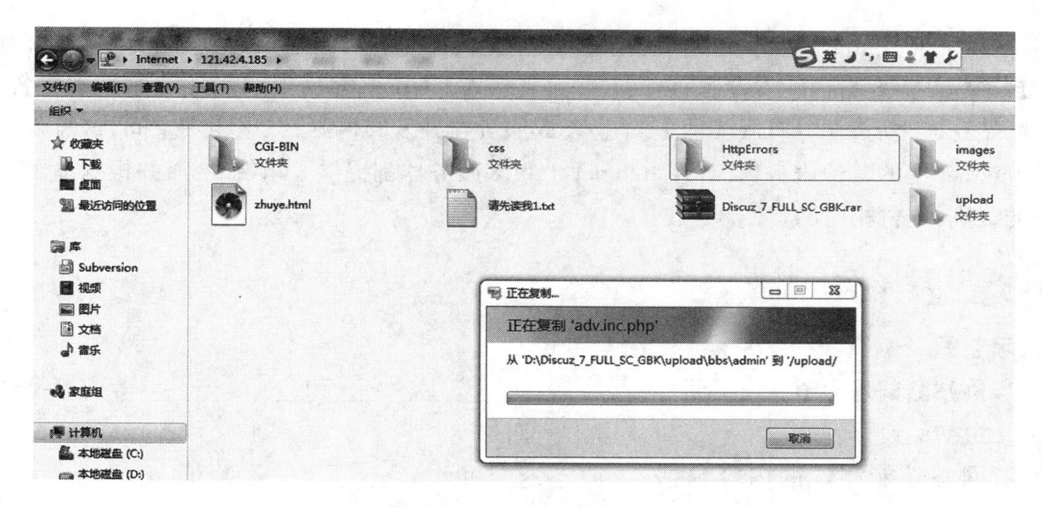

图 6.7　复制本地网页文件到 FTP 目录下

5. 在选中文件或文件夹后点击右键，可删除、重命名、复制、剪切 ftp 上的文件。

三、任务检测

特别提示

网站上传注意事项：

1. Windows 系统的主机，是将全部网页文件直接上传到 FTP 根目录，即“/”。

2. Linux 系统的主机，是将全部网页文件直接上传到“/htdocs”目录下。

3. 由于 Linux 主机的文件名是区别大、小写的，文件命名要注意规范，建议用小写字母、数字或者带下划线，不要使用汉字。

4. 如果网页文件较多，上传较慢，建议您先在本地将网页文件压缩后再通过 FTP 上传，上传成功后通过控制面板解压缩到指定目录。

相关知识

本任务涉及的知识点如下：

完成网站上传的任务

单元小结

本单元主要讲述网站测试和网站上传两方面的内容。网站测试就是在网站优化之后，对网站的完整性、正确性进行总体测试；测试一般是在本地计算机上模拟服务器进行。对于不同类型的网站，测试的项目有所不同。对普通的静态网页来说，主要测试页面设计、文字内容、图片、超级链接等；对使用服务器数据库技术的动态网页来说，就需要测试服务器的运行环境、网站程序的稳定性、数据库系统的可靠性、服务器与客户端的交互功能等项目。

网站开发完成后经过优化和测试，就可上传到 Internet 供用户浏览。在网页制作过程中,可以先对完成的部分网页进行上传。网站上传的主要方式有两种:一是自主建站,对于自主建站需要自己建立专有服务器,并将其接入 Internet,然后申请公有 IP 地址和域名,当网站完成之后,在专有服务器上创建 Web 服务器并发布网站;二是租赁空间,这需要借助 Internet 上的其他服务器,现在 Internet 上很多服务器都提供了租赁服务,并根据提供服务的级别,支付相应的费用。

综合测试

一、填空题

1. 网站测试是为了保证页面____________、____________和____________等内容符合最初的设计。
2. 网站性能测试的内容包括____________测试、____________测试、____________测试。
3. FTP 的全称是 File Transfer Protocol,是专门用来传输____________的协议。
4. 对普通的静态网页,网站测试主要测试____________设计、____________内容、图片、____________链接等。
5. 网站上传的主要方式有两种:一是____________;二是____________。

二、简答题

说明网站上传的注意事项。

单元七　网站管理

单元概述

当网站建设完成后，并不意味着完成了所有的任务，还需要进行网站的管理工作。网站的维护与管理工作直接影响网站的运行效果，是网站能否运行成功的重要因素。网站管理的目标是管理网站服务器和网站自身运行正常。网站管理工作一般包括网站数据的备份和恢复、网站使用人员权限的设置、网站病毒预防和黑客防范等。

当前，网站管理是网络营销的重要基础环节。现时大多数中、小企业开始重视网络营销，并且参与一些培训内容，包括改建企业网站、邮件营销、博客营销、微博营销和论坛营销等网络推广；但是甚少注意自身的网站管理问题，以及人员的配备、要求、制度、实施、监管、反馈等。要做好网络营销就必须解决网络营销的基础问题。基础工作没做好，后面的一切就都是空话，更不用说能实现一个什么样的效果。正因如此，当前的网站管理也成为企业在网络营销进程中的一个重要课题。

单元目标

- 如何进行数据备份
- 网站权限设置
- 病毒预防与黑客防范

任务1 网站数据备份

任务描述

数据备份,是指将数据以某种方式加以保留,以便在系统遭受破坏或某些特定情况下,重新加以利用的过程。数据备份的根本目的是重新利用,因此备份工作的核心是恢复。

网站的数据备份方案很多,主要是利用不同的备份软件系统来实现。一般在中小型网站的数据备份中使用 Windows 系统自带的备份工具来完成数据的备份与恢复。

任务目标

- 能使用 Windows 的备份功能备份文件
- 能使用 Windows 的备份功能还原文件

任务分析

当今网站管理存在以下 4 大问题,亟待加以改进。

1. 网站管理意识滞后。
2. 网站规模不断扩大和网站内容的日益丰富。
3. 网站内容和功能更新不及时。
4. 网站安全管理不到位。

任务实施

一、任务准备

网站数据备份分为两个部分,即网站程序备份和数据库备份。网站程序备份是将整个网站的程序以及图片保存到备份目标(你的电脑或者其他备份媒质上);数据库备份针对使用 access 数据库之外的数据库的网站,如 mysql、mssql 等。这类备份可以使用专门的数据库备份工具进行,或者直接在服务器上下载相应的数据库保存目录。

二、任务实施

1. 使用 Windows 的备份功能备份文件

如果网站服务器上安装的是 Windows 2003 操作系统,可以利用 Windows 系统自带的备份还原功能来对网站数据进行备份和恢复。使用 Windows 自带的备份工具可以将数据备份到各种各样的存储介质上,如硬盘、移动硬盘以及光盘上。

2. 使用 Windows 的备份功能还原文件

当用户的计算机出现故障或者数据丢失时,可以使用 Windows 的故障恢复工具还原以前备份的数据。

网站数据备份是一个至关重要的问题,若没有做数据备份,那么网站一旦出现问题,将会造成很多不必要的麻烦。

三、任务检测

相关知识

本任务涉及的知识点如下:

1. 使用 Windows 的备份功能备份文件
2. 使用 Windows 的备份功能还原文件

任务2 网站用户权限设置

任务描述

网站用户的不同权限是用户进行各种应用的前提,同时也是网站系统安全保障的基础。在网站系统中,不可能每个用户都具有网站管理的最高权限,而是根据不同用户在使用网站时的实际需求来进行用户权限的设置。

任务目标

- 能做用户账户管理
- 会为用户和计算机账户添加组

任务分析

用户权限就是用户的权利,即用一个账户登录后,有些功能可以使用,有些功能无法使用,这就是管理员对其设置的权限。只有符合权限的人才可以使用对应的功能,权限就是权利的限制范围。

任务实施

一、任务准备

了解权限管理的类型：

1. 按控制力度可将权限管理分为以下两类：

(1)功能级权限管理。

(2)数据级权限管理。

2. 按控制方向可将权限管理分为以下两类：

(1)从系统获取数据。如查询订单、客户资料。

(2)向系统提交数据。如删除订单、修改客户资料。

二、任务实施

1. 用户账户管理

拥有计算机账户是计算机接入网络的基础，亦是用户登录到网络并使用网络资源的基础。因此，用户和计算机账户管理是 Windows 网络管理中最必要且最经常的工作。

用户账户用来记录用户的用户名和口令、隶属的组、可以访问的网络资源，以及用户的个人文件和设置。

(1)创建用户账户

当有新的用户需使用网络上的资源时，作为管理员的用户必须在域控制器中为其添加一个相应的用户账户，否则该用户无法访问域中的资源。

(2)删除用户账户

当系统中的某一个用户账户不再被使用或者作为管理员的用户不再希望某个用户账户存在于安全域中，可将该用户账户删除，以便更新系统的用户信息。

(3)停用用户账户

如果某个用户的账户暂时不使用，可将其停用。停用账户的目的是为防止其他用户使用暂时不使用的账户进行域登录。账户被停用之后，当该用户需要重新使用已被停用的账户时，作为管理员的用户可重新启用该账户以便用户使用。

(4)移动用户账户

在一个大型网络中，为了便于管理，作为管理员的用户经常需要将用户账户移动到新的组织单元或容器中。账户被移动之后，用户仍可使用它们进行网络登录，不需要再重新创建。

(5)重设用户密码

2. 为用户和计算机账户添加组

创建网站后，默认情况下域用户是无法访问的，必须进行授权设置，这样普通用户才可以访问网站，下面举例说明如何管理用户及权限。

(1)用户的创建

创建的用户列表如图 7.1 所示。

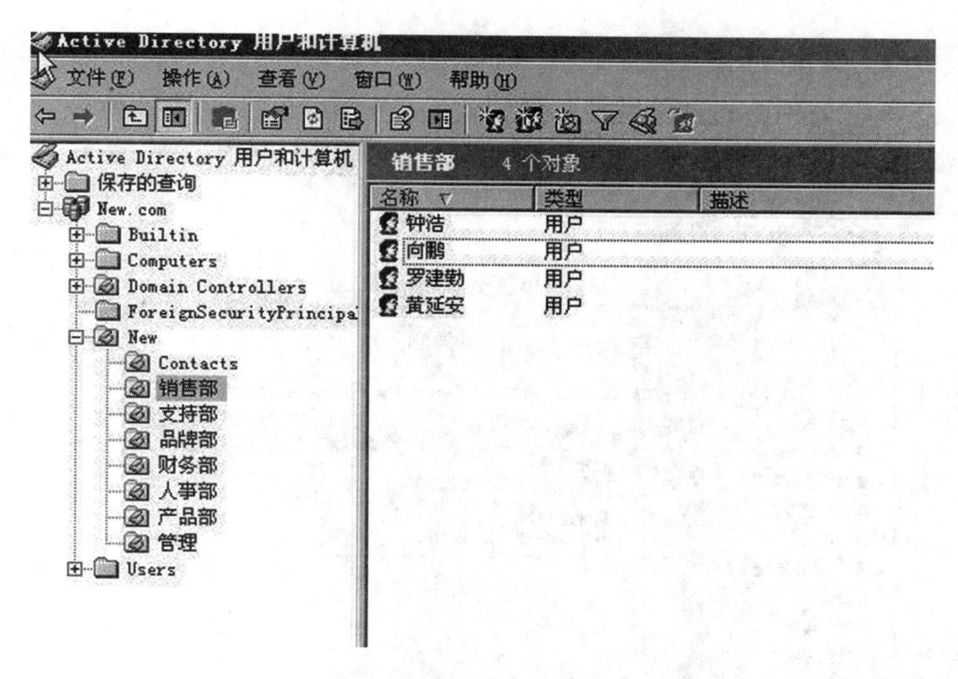

图 7.1 用户列表

(2)网站用户的授权

①在 IE 浏览器输入 http://www.new.com,输入管理用户名与密码,成功登录顶级网站,点击右边的【网站操作】【网站设置】【人员和组】,如图 7.2 所示。

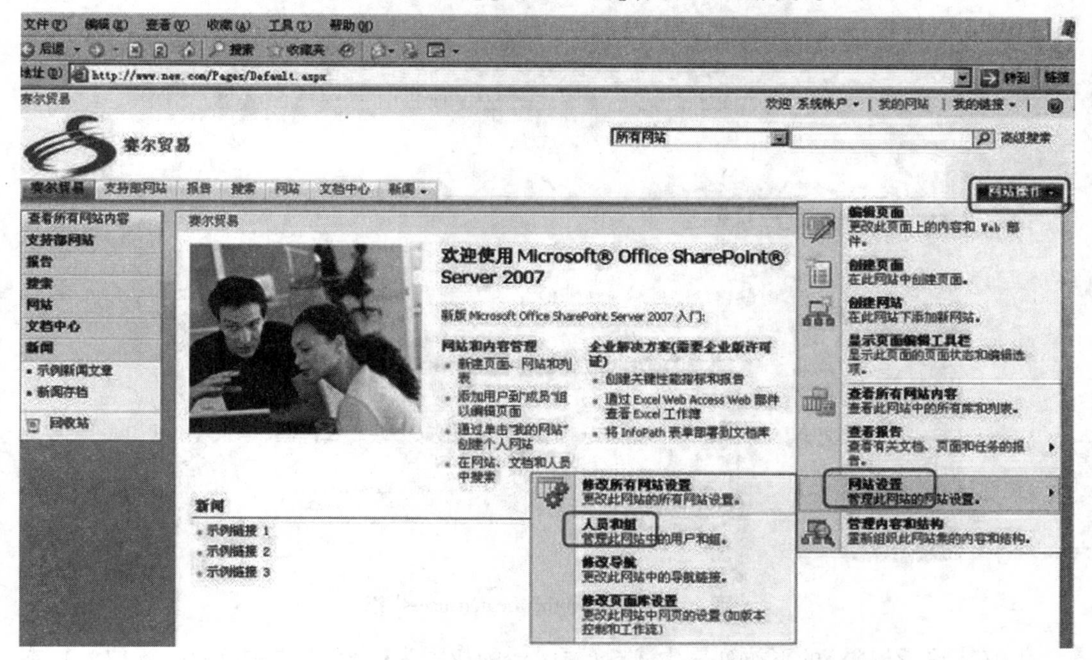

图 7.2 【网站操作】窗口

②点击“新建”,在下拉列表选择“添加用户”,如图 7.3 所示。

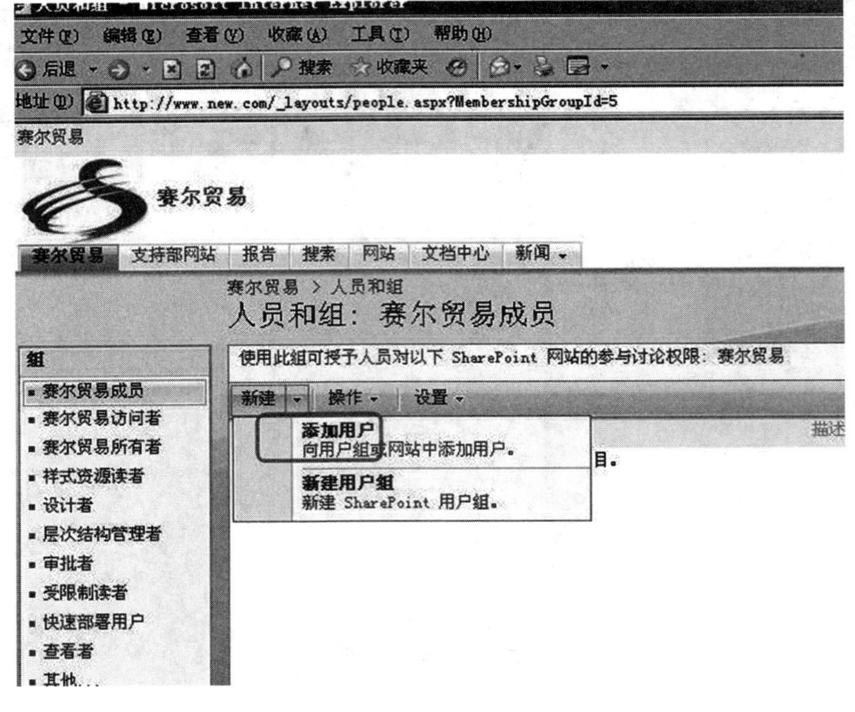

图 7.3 “添加用户”窗口

③点击“添加所有验证用户”，系统会添加一个“authenticated users”组，它包含了所有的域用户，也可自行填写其他的组或者用户，如图 7.4 所示。

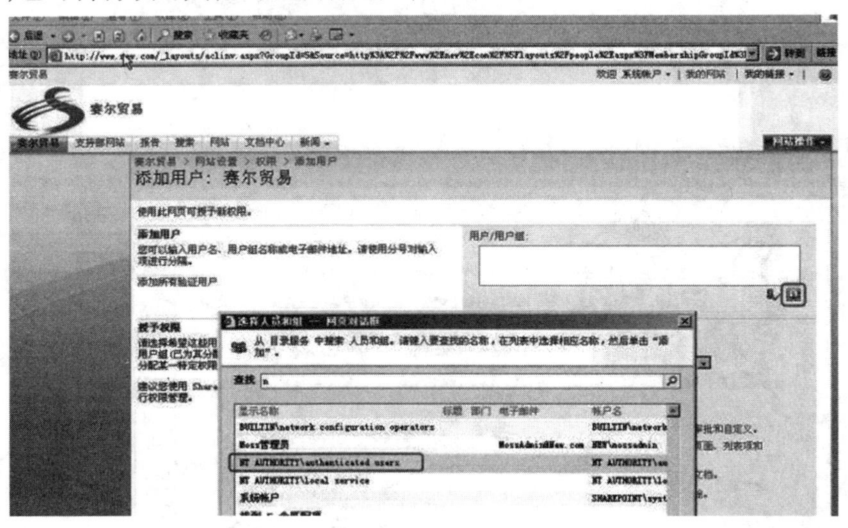

图 7.4 添加“authenticated users”组

④在【授予权限】的下拉列表中，选择要赋予的权限为【赛尔贸易访问者[读取]】，在“发送电子邮件”处，可以勾选“向新用户发送欢迎电子邮件”，系统会将下面填写的内容发送给用户，如图 7.5 所示。

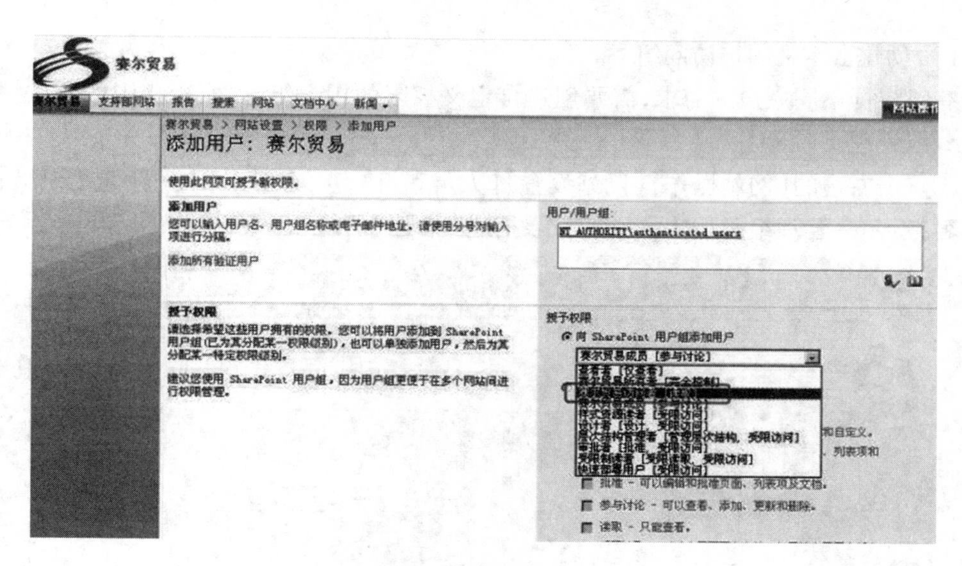

图 7.5 添加新用户

⑤完成后，在“人员和组”页面，可以看到新建了一个组，如图 7.6 所示。

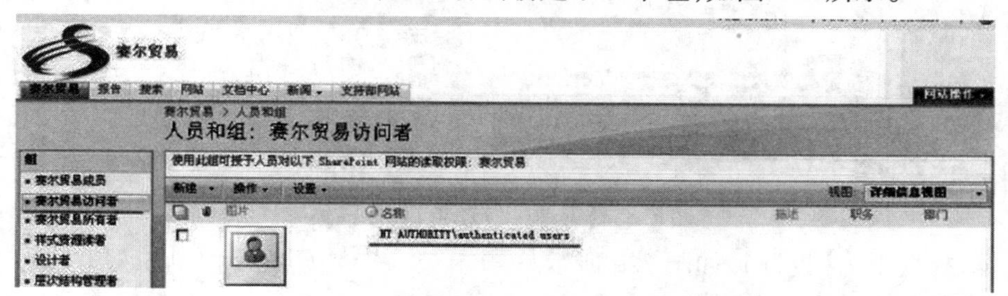

图 7.6 完成新建组窗口

⑥然后使用域用户登录，可以进入网站。但只看到该用户只具有【读取】网站的权限，右上角没有【网站操作】菜单，如图 7.7 所示。

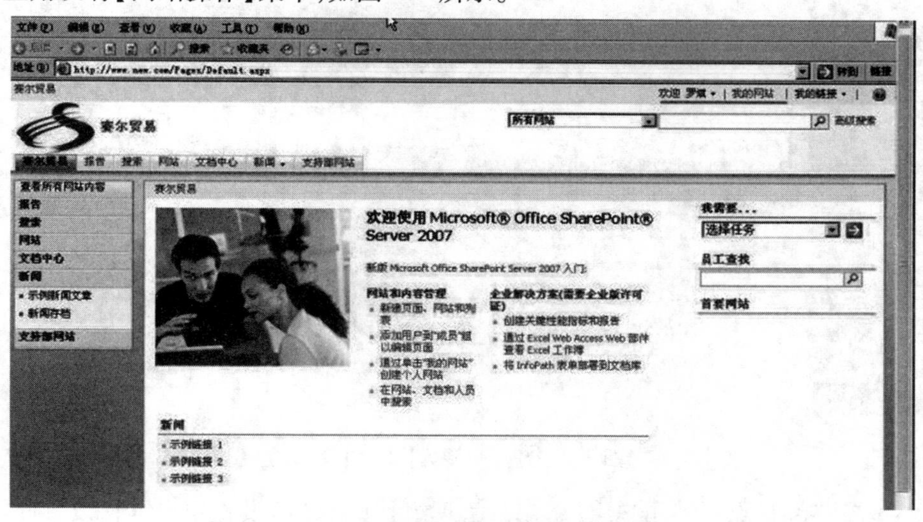

图 7.7 使用域用户登录进入网站

(3)创建自定义用户访问组

有时根据不同用户的需求,需要创建自定义权限的用户组,以实现权限的层次性,且进行分级管理。

①点击右边的【网站操作】【网站设置】【人员和组】,点【新建】下的【新建用户组】,输入组名【赛尔-管理组】,输入详细的权限描述,以便进行授权时查看,如图7.8所示。

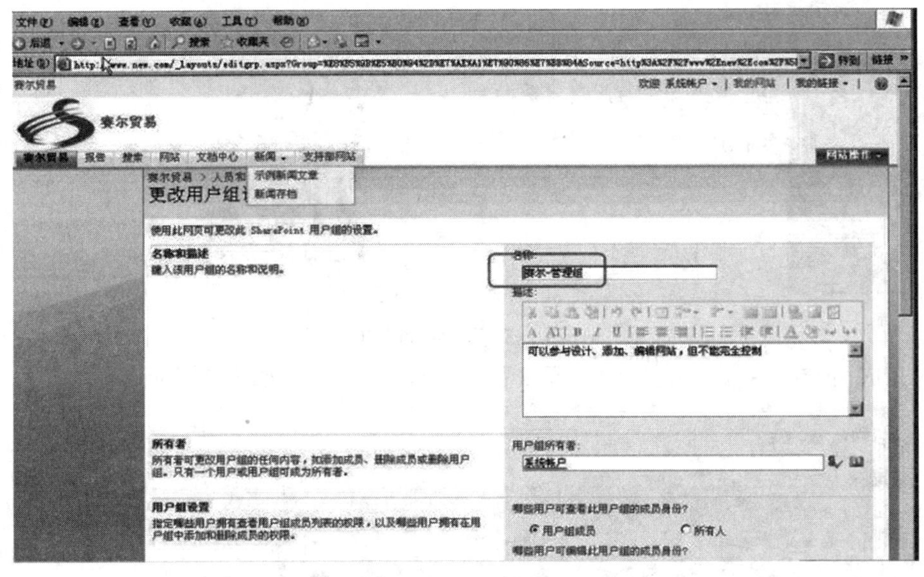

图7.8 【赛尔-管理组】权限描述

②选择权限为【设计】,如图7.9所示。

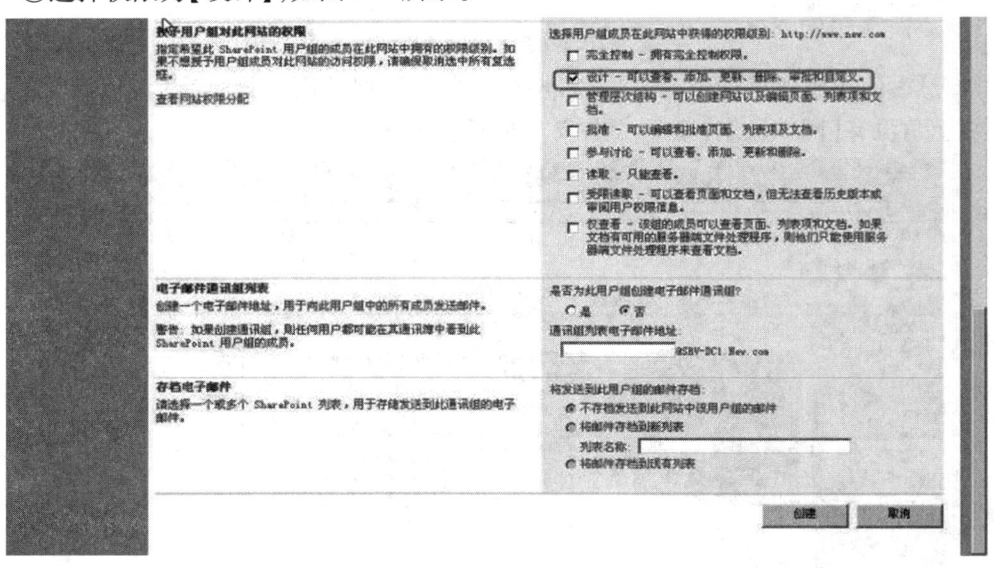

图7.9 选择权限为【设计】窗口

③点左边导航,点新建用户组【赛尔-管理组】,【设置】【设置用户组】,设置此网站的所有者为【赛尔-管理组】,如图7.10所示。

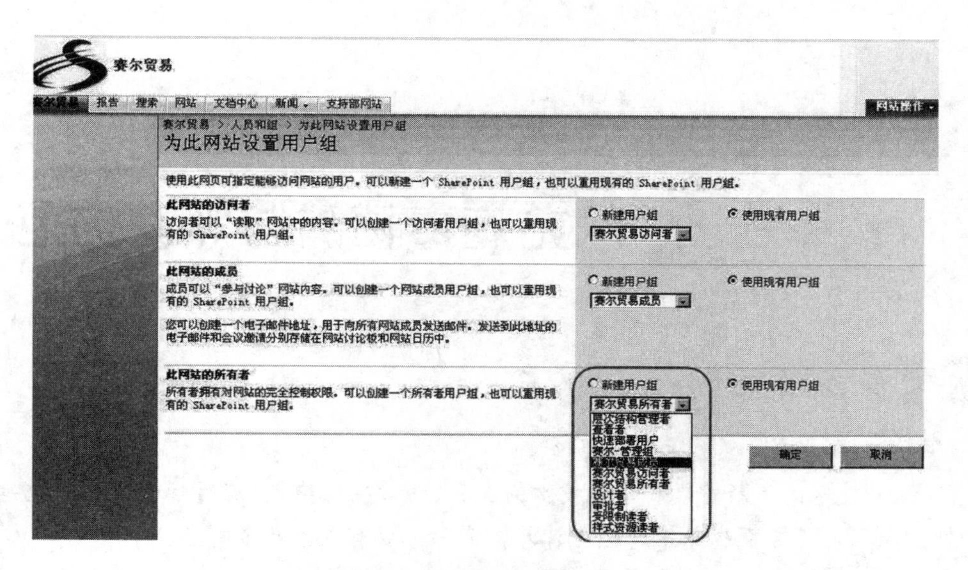

图 7.10 "新建用户组"设置(1)

④我们可以将系统安全组加入到网站中(见图 7.11),点此网站设置【人员和组】,选择新建用户组,找到系统的安全组,加入即可。

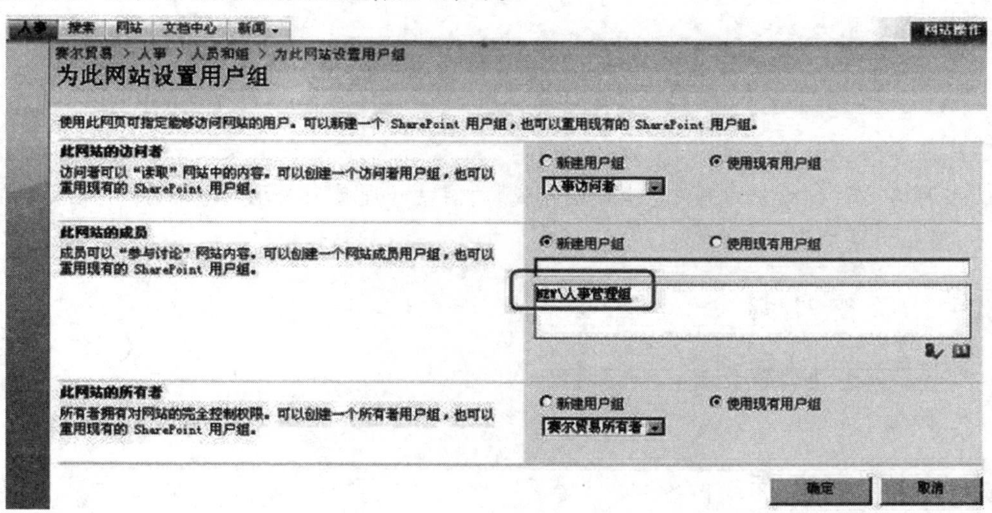

图 7.11 "新建用户组"设置(2)

三、任务检测

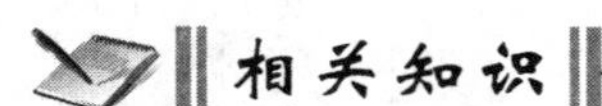

本任务所涉及的知识点如下:

1. 用户账户管理
2. 为用户和计算机账户添加组

任务3 网站病毒预防与黑客防范

任务描述

1. 网站病毒预防

随着IT技术的不断发展和网络技术的更新，病毒在感染性、流行性、欺骗性、危害性、潜伏性和顽固性等方面也越来越强。计算机病毒主要有以下几个特点：

(1)传播网络化；

(2)利用操作系统和应用程序的漏洞；

(3)传播方式多样；

(4)病毒制作技术新；

(5)病毒形式多样化；

(6)危害多样化。

2. 黑客防范

在网站运行和维护过程中，针对黑客威胁，网站管理员应采取各种手段增强服务器的安全，确保网站的正常运行。

任务目标

- 能预防网站病毒
- 能进行黑客防范

任务分析

对计算机病毒与黑客的防范应以预防为主，事后处理为辅。工作中应贯彻“谁主管，谁负责；谁使用，谁负责”的安全责任制。

任务实施

一、任务准备

准备常用的杀毒软件及防火墙软件。所有上网的计算机(含服务器)都必须安装使用公安部认证的正版防病毒软件，并且保证在开机状态下防病毒软件处于监控运行状态；对服务器和PC统一安装使用正版网络病毒防火墙客户端。

二、任务实施

1. 使用杀毒软件需要注意的问题

(1)在一个网站服务器上不可以同时使用多个杀毒软件,这样会造成系统冲突,引发使用上的不便。

(2)及时对杀毒软件进行更新,使得病毒数据库保持最新,以便杀毒软件可以查杀最新病毒。

(3)不要以为装了杀毒软件就能随意查看不良网页,或者随便下载危险软件和插件。

(4)经常对操作系统安装补丁程序。我们应该清醒地认识到,杀毒软件不是万能的,因它始终处于被动防御状态。毕竟系统的漏洞还是要靠自身的补丁来修正,杀毒软件并不能从根本上修正系统的缺陷。

2. 对网站服务器进行保护的方法

(1)进行安全配置;

(2)安装防火墙;

(3)扫描漏洞;

(4)安装入侵检测系统。

三、任务检测

相关知识

本任务所涉及的知识点如下:

1. 网站病毒预防

2. 黑客防范

单元小结

本单元主要讲述如何进行数据备份、网站权限设置、病毒预防与黑客防范方法。对计算机病毒与黑客的防范应以预防为主,事后处理为辅。

综合测试

一、填空题

1. 数据备份是指将数据以某种方式加以____________,以便在系统遭受____________或某些特定情况下,重新加以____________的过程。
2. 网站数据备份分为两个部分,即____________备份和____________备份。
3. 网站用户的不同权限是用户进行____________的前提,同时也是网站系统____________的基础。
4. 用户账户用来记录用户的____________和____________、隶属的组、可以访问的____________,以及用户的个人____________。
5. 对计算机病毒与黑客的防范应以____________,____________为辅。

6. 在一个网站服务器上不可以同时使用__________杀毒软件，这样会造成__________冲突，引发__________上的不便。

二、简答题

1. 当今网站管理存在的主要问题有哪些？
2. 计算机病毒的主要特点是什么？

单元八　网站推广

单元概述

我们知道，网站建设的目的是应用，要让广大用户认识和了解某一网站，必须对网站进行有效的宣传和推广。如果没有卓有成效的宣传与推广，也就成为不了知名网站，更实现不了网站创建的宗旨和目标。

笼统地说，网站推广就是以产品为核心内容，建立网站和域名注册查询，再把这个网站通过各种免费、收费渠道展示给消费者的一种操作方法。简单讲，网站推广就是以互联网为主要手段进行的，为达到一定营销目的的推广活动。同时也可以选择将网站推广到国内各大知名网站和搜索引擎的相关网站。通过各种推广方式推广网站，亦是一种营销方式。

网站的宣传和推广需要讲究策略，充分利用各种方法和工具，通过合法的手段和渠道来宣传推广网站的品牌、内涵和特点，以提高网站的点击率。精心选择、有效利用有针对性的得力宣传手段与推广方法，网站才能达到从内涵的优秀到公认的知名。

单元目标

- 搜索引擎的使用方法
- 网络广告的使用方法
- 电子邮件的发送原理及使用方法和注意事项
- 网络营销方案与传统的宣传方法

任务1 搜索引擎

任务描述

搜索引擎在网站中的应用非常广泛,如搜狐、新浪、百度、Yahoo、Google等知名的搜索引擎和目录网站提交网站,网站通过所提交的关键词能够出现在搜索结果列表里,即启动一个储存着海量信息的数据库,并把搜索结果迅速返回。将网站注册到搜索引擎是网上推广网站的最主要方式,而且大部分中文搜索引擎是免费的。

任务目标

- 会手工登录搜索引擎
- 能自动登录搜索引擎
- 会使用META标签

任务分析

统计表明,50%以上的自发访问量来自于搜索引擎;加注搜索引擎既要注意措辞和选择好引擎,也要注意定期跟踪加注效果,并做出合理的修正或补充。总之,利用搜索引擎进行推广,是一种很好的宣传方式,但如果不考虑自身的实际情况和企业定位,这种方式的推广也可能给你带来资金和品牌上的影响。

任务实施

一、任务准备

在决定要登记搜索引擎之前,最好做一个搜索引擎登记计划列表,先到各网站去熟悉一下各自的特点;比如有哪个目录最适合自己的网站,对关键词和描述的要求如何,资料提交后大约多长时间可以更新等,即有的放矢地针对各个不同的网站设计最理想的资料。

搜索引擎主要分为三种模式,分别是全文搜索引擎、目录索引类搜索引擎和元搜索引擎。

二、任务实施

搜索引擎注册通常有软件自动注册和人工注册两种方式。对于主要的搜索引擎,一定要通过人工登录的方式,针对每个搜索引擎的特点进行登记,并将登录时间、联系人信箱、所使用的关键词及网站的描述,以及最终登录成功的时间和所在目录路径等资料进行记录,以便将来作为重新登记时的参考。下面分别予以介绍:

1. 手工注册搜索引擎

(1)单击“搜狗超链接”,进入“搜狗更懂网络 www. sogou. com”界面;

(2)单击“搜狗大全”,进入“搜狗大全”页面;

(3)单击“免费登录”,进入“SOHU(搜狐)网站登记”界面;

(4)正确填写网站的相关资料后即可。

2. 自动注册搜索引擎(以“登录奇兵”为例)

(1)注册“登录奇兵”软件

①选择“现在注册”,进入“登录奇兵”注册界面;

②选择“输入注册号码”,进入“输入注册码”对话框,输入用户名和注册码后可以使用“登录奇兵”的正式版本。

(2)填写网站信息

①网址;

②标题;

③描述;

④关键字;

⑤E - mail 地址;

⑥代理设置。

3. 选择登录引擎

登录引擎需要分别选择“登录中文引擎”和“登录英文引擎”。

输入登录引擎的范围(开始登录序号和结束登录序号),“登录奇兵”测试版本可以将你的网站登录到 50 个搜索引擎或 FFALinks 上。

4. 登录及登录报告

使用“超时时间(秒)”和“同步登录”的默认设置,连接 Internet 后单击“登录”按钮即可。

“暂停”按钮可以在任意时刻停止“登录”,此时“暂停”按钮变为“恢复”按钮,要恢复登录只需单击“恢复”按钮。“停止登录”按钮将终止本次登录。

“本次失败补救登录”和“上次失败补救登录”按钮可重新登录到“登录失败”的引擎。

“登录”或“失败补救登录”完成后,“登录奇兵”软件都会在其安装目录下的 report. htm 文件中生成一份完整的 HTML 格式的“登录报告”,包括登录时间、登录网址、登录人姓名、登录标题、成功数和失败数,以及每个引擎的相应状态等。

5. SiteMap 生成

用 SiteMap 有利于搜索引擎更加友好地对网站进行收录,防止网站的收录有漏洞或者收录不全,方便以后进行的工作,比如对网站的外部链接和内链错误进行调整,就要用到 SiteMap 的提交功能。因此,SiteMap 的整个作用不容忽视。

6. META 标签

META 是 HTML 语言 HEAD 区的一个辅助性标签，在 META 中定义的内容并不在浏览器中显示，只起参数作用，可用于鉴别作者、设定页面格式、标注内容提要和关键字以及刷新页面等项设置。

三、任务检测

特别提示

1. 对于技术性搜索引擎（如百度、google 等），通常不需要自己注册，只要网站被其他已经被搜索引擎收录的网站链接，搜索引擎可以自己发现并收录你的网页。

2. 对于分类目录型搜索引擎，只有将网站信息提交，才有可能获得被收录的机会（前提是分类目录经过审核被认为符合收录标准）；且分类目录注册有一定的要求，需要事先准备好相关资料。

相关知识

本任务所涉及的知识点如下：

1. 手工登录搜索引擎
2. 自动登录搜索引擎
3. 使用 META 标签

任务 2 网络广告

任务描述

网络广告是一种很有潜力的广告载体，与传统的广告方式相比，网络广告制作更为方便、见效快、交互性好，效果也更好，而且成本也相对较低，具有电视广告等传统媒体不可比的优势。

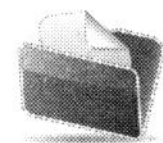

任务目标

- 能做有较好效果的网络广告

任务分析

网络广告的常见形式包括：BANNER 广告、关键词广告、分类广告、赞助式广告、Email

广告、超级链接等。BANNER 广告所依托的媒体是网页,关键词广告属于搜索引擎营销的一种形式,Email 广告则是许可 Email 营销的一种。可见网络广告本身并不能独立存在,需要与各种网络工具相结合才能实现信息传递的功能。因此,可以认为,网络广告存在于各种网络营销工具中,只是具体的表现形式不同而已。

任务实施

一、任务准备

1. 用户定位是否准确
2. 用户需求的确定是否精确
3. 网站质量能否过关
4. 产品是否使用户满意
5. 网站推广前的市场考察是否准确

二、任务实施

下面以横幅广告为例,介绍一下如何进行网站推广。

1. 制作有吸引力的横幅广告

(1)广告文字。

(2)色彩搭配。

(3)形式。

2. 有效地发布横幅广告

(1)将横幅广告置于网页的显要位置。

(2)选择最合适的网站。

(3)进行网络广告交换。

3. 使用网络广告的注意事项

(1)媒体选择。

(2)购买方式。

(3)广告监控。

4. 网络广告的独特优势

(1)网络广告的传播不受时间和空间的限制。

(2)一般媒体的广告是单向的,不能即时听到广告接收者的反馈。网页中的广告可以通过单击进入主页,了解详细信息,而广告发布者也能随时得到用户反馈的信息。

(3)从网上可以轻而易举地了解有多少人接收到广告信息。

(4)网上做广告不仅成本十分低廉,而且能及时变更广告内容。

(5)网络广告不仅可以利用计算机独特的功能制作成图、文、声、像多种媒体形式,而且保存也轻而易举。

三、任务检测

特别提示

网站推广注意问题：

1. 网站推广获得的访客变成客户。这样的访客是忠实的客户，得服务好客户，通过网络沟通达成交易，得守信用。

2. 网站推广获得的潜在客户。在公司做活动的时候，以适当的方式提示客人，但不能频繁，否则会被拉黑。

3. 网站推广后只看不点击的客户。要加大产品的展示力度，从用户角度出发考虑用户需要什么产品。

4. 网站推广重视访客的成本低于付费推广的成本。就是出钱买人看，不如把看过的人好好服侍，把顾客直接变成公司的客户最重要，有好的资源或渠道的情况下，可能付费更直接，但是少数。

5. 网站推广要把握核心。即是从推广到展示，只需要一次的点击，过多的点击会让人反感，这是重视访客的表现之一。

6. 网站推广要做好售后。提供长久的售后，让品牌和口碑为你的公司创造更多的免费宣传，口碑是最好的推广方式。

相关知识

本任务所涉及的知识点是：策划、运作有较好效果的网络广告。

任务3 电子邮件

任务描述

电子邮件是进入网络时代后出现的一种新型广告宣传方式，此方式是向网站的大量客户或潜在客户发送有关网站宣传资料的邮件。其中，费用低是电子邮件在各种宣传方式中较易被接受的，而且还具有针对性强、速度快、效率高的特点；我们可以针对某一些人发送特定的广告，且它的响应效果更容易统计。电子邮件可以是文字、图像、声音等多种形式。同时，用户可以得到大量免费的新闻、专题邮件，并实现轻松的信息搜索。电子邮件的存在极大地方便了人与人之间的沟通与交流，促进了信息社会的发展。

任务目标

- 会发电子邮件
- 能通过发电子邮件做网站宣传

任务分析

电子邮件推广主要是以发送电子邮件为网站推广手段,常用的方法包括电子刊物、会员通讯、专业服务商的电子邮件广告等。其中专业服务商的电子邮件广告是通过第三方的用户 Email 列表发送产品服务信息,是需要付费的。多数企业采用电子刊物和会员通讯等免费途径来进行网站推广。这种方法通过会员注册信息、公开个人资料等方式获得目标客户的 Email 列表,然后定期按 Email 列表发送产品广告和促销信息,也可以在邮件签名栏留下公司名称、网址和产品信息等。

任务实施

一、任务准备

1. 收集电子邮件地址

这是首先需要完成的工作任务,途径如下:

(1)购买邮件地址。

(2)利用软件收集。

(3)保留访问者的 E－mail 地址。

2. 对收集的电子邮件地址进行分类整理

收集到电子邮件地址后,不要直接使用。为了提高电子邮件广告的有效性,还需对电子邮件地址进行分类整理。经过整理的电子邮件地址,在以后的工作中才能有针对性地加以利用。

二、任务实施

1. 电子邮件的发送原理及使用方法

(1)电子邮件的发送和接收

图 8.1 为电子邮件在 Internet 上发送和接收的原理。

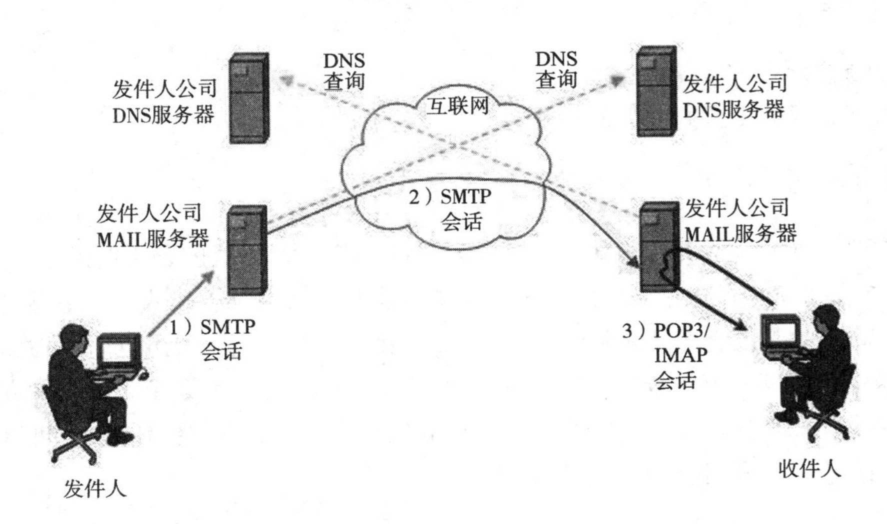

图 8.1　电子邮件发送和接收原理

发送电子邮件，可以形象地用我们日常生活中邮寄包裹来形容。当我们要寄一个包裹时，我们首先要找到任何一个有这项业务的邮局，在填写完收件人姓名、地址之后，包裹就寄出而到了收件人所在地的邮局；当然，对方取包裹的时候也必须去这个邮局才能取出。同样，当我们发送电子邮件时，这封邮件是由邮件发送服务器发出，并根据收信人的地址判断对方的邮件接收服务器而将这封信发送到该服务器上，收信人要收取邮件也只能访问这个服务器才能完成。

(2)电子邮件地址的构成

电子邮件地址由三部分组成，第一部分"USER"代表用户信箱的账号，对于同一个邮件接收服务器来说，这个账号必须是唯一的；第二部分"@"是分隔符；第三部分是用户信箱的邮件接收服务器域名，用以标志其所在的位置。

地址格式为：用户标识符 + @ + 域名

其中：@ 是"at"的符号，表示"在"的意思。

2. 电子邮件的特点

电子邮件是整个网络系统中直接面向人与人之间进行信息交流的系统，它的数据发送方和接收方都是人，因此极大满足了人与人之间现实存在的通信需求。

简单来说，其特点是传播速度快、便捷、成本低廉、交流对象广泛、信息多样化、安全性较好。

3. 电子邮件系统

电子邮件服务由专门的服务器提供，Hotmail、网易邮箱、新浪邮箱等邮箱服务也是建立在电子邮件服务器基础之上；但是大型邮件服务商的系统一般是自主开发或是对其他技术二次开发实现的。电子邮件服务器主要有基于 Unix/Linux 平台的邮件系统和基于 Windows 平台的邮件系统。

4. 选择邮箱

在选择电子邮件服务商之前，我们要明白使用电子邮件的目的是什么，以根据自己的不同目的有针对性地去选择。

如果经常和国外的客户联系，建议使用国外的电子邮箱。比如 Gmail、Hotmail、MSN mail、Yahoo mail 等。

如果想当作网络硬盘使用，经常存放一些图片资料等，那么就应该选择存储量大的邮箱，比如 Yahoo mail、网易 163 mail（126 mail）、yeah mail、21CN mail 等，都是不错的选择。

如果经常需要收发一些大的附件，Yahoo mail、Hotmail、MSN mail、网易 163 mail（126 mail）、Yeah mail 等都能很好地满足要求。

如果只是在国内使用，QQ 邮箱也是不错的选择，拥有 QQ 号码的邮箱地址能让你的朋友通过 QQ 向你发送即时消息。

5. 工作过程

（1）电子邮件系统是一种新型的信息系统，是通信技术和计算机技术结合的产物。

电子邮件的传输是通过电子邮件简单传输协议（Simple Mail Transfer Protocol，简称 SMTP）这一系统软件来完成的，它是 Internet 下的一种电子邮件通信协议。

（2）电子邮件的基本原理是在通信网上设立“电子信箱系统”，它实际上是一个计算机系统。

系统的硬件是一个高性能、大容量的计算机。硬盘作为信箱的存储介质，在硬盘上为用户分一定的存储空间作为用户的“信箱”。每位用户都有属于自己的一个电子信箱，并确定一个用户名和用户口令。存储空间包含存放所收信件、编辑信件以及信件存档三部分空间，用户使用口令打开自己的信箱，并进行发信、读信、编辑、转发、存档等各种操作，系统功能主要由软件实现。

（3）电子邮件通信在信箱之间进行。

用户首先开启自己的信箱，然后通过键入命令的方式将需要发送的邮件发到对方的信箱中。

常见的电子邮件协议有以下几种：SMTP（简单邮件传输协议）、POP3（邮局协议）和 IMAP（Internet 邮件访问协议）；这几种协议都是由 TCP/IP 协议族定义的。

SMTP：SMTP 主要负责底层的邮件系统如何将邮件从一台机器传至另外一台机器。

POP（Post Office Protocol）：版本为 POP3，POP3 是把邮件从电子邮箱中传输到本地计算机的协议。

IMAP（Internet Message Access Protocol）：版本为 IMAP4，是 POP3 的一种替代协议，提供了邮件检索和邮件处理的新功能，这样用户可以完全不必下载邮件正文就可以看到邮件的标题摘要，从邮件客户端软件就可以对服务器上的邮件和文件夹目录等进行操作。

6. 使用技巧

（1）快速查找邮件

单击“编辑”菜单，选择“查找邮件”；以下任何条件都可以作为查找邮件的标准：谁发送的邮件、邮件的主题或标题、邮件中的文本等。

（2）自动添加签名

在 Outlook Express 中用以下方法可实现自动签名功能：

①启动 Outlook Express 后，选择"工具选项"命令。

②在"选项"对话框中，单击"签名"标签（见图 8.2）。

③在"签名"标签中，单击"在所有发出的邮件中添加该签名"前的方框，使之处于选中的状态，以便自动签名功能生效。

④在"签名"框中，新建一个签名名称，在下面文本框中键入你想添加的所有个人信息，如姓名、联系地址、电话等。

⑤若希望在回复和转发邮件时同样自动添加签名，则可以单击"不在回复和转发的邮件中添加签名"前的方框，使之处于不选中的状态。

⑥单击"确定"按钮，下次建立新邮件时就会在你的邮件中自动添加上签名了。当然，也可以单击"高级"按钮，为你的每个账号设置一个签名。

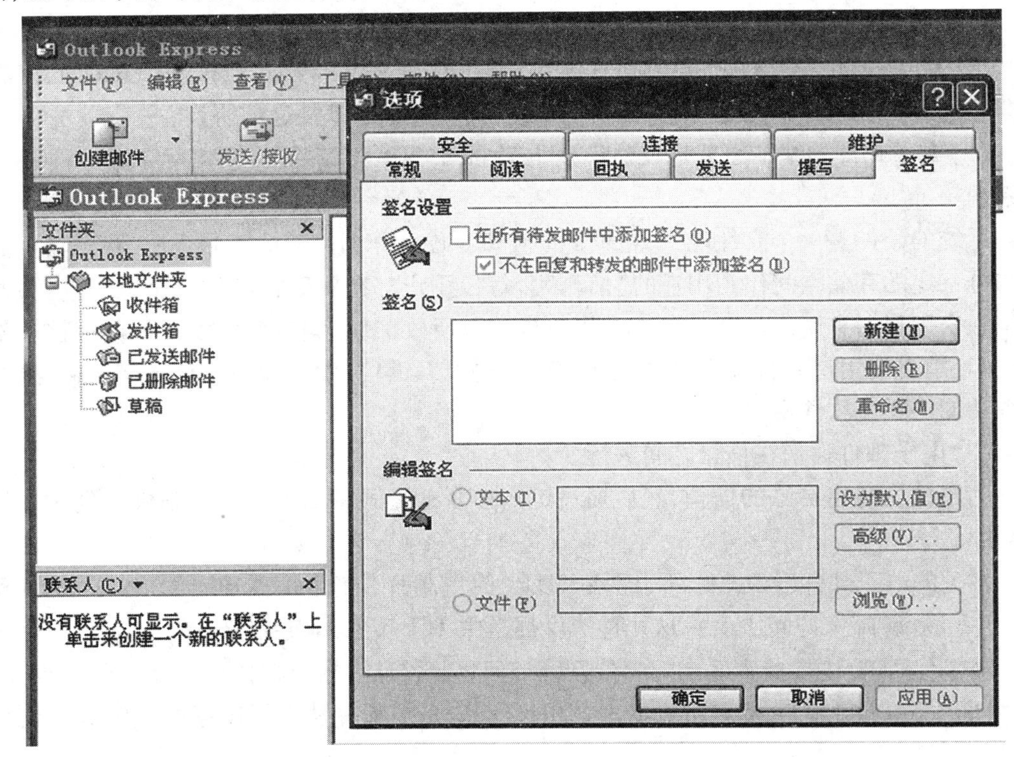

图 8.2 Outlook Express"工具选项"命令下的"签名"标签窗口

7. 拒收垃圾邮件

在"工具"菜单栏中选择"收件箱助理"，点击"添加"。该窗口分为上下两部分，上面是"处理条件"，下面是"处理方法"。若经常收到垃圾邮件，如果想从今后不再收到它，可以在"处理条件"栏目中选择"发件人"，并在其中填入上述地址；接着在"处理方法"中选择"从服务器上删除"；点击"确定"按钮后，可以看到在描述框内，直接从服务器上删除的描述。

8. 备份地址簿

在"C：windows \ ApplicationData \ Microsoft \ AddressBook"目录中找到一个名为 username. wab 的文件，其中的 username 为在电脑中的注册用户名。这就是您的通讯簿，可以把它备份在指定路径下，以便以后重装 Outlook Express 后 copy 到原目录。

9. 脱机写邮件

单击“文件”菜单，选择“脱机工作”，用户可以在不联机的情况下，从容地写好电子邮件。此时发送的新邮件都被保存在发件箱窗口中，只有当你按下“发送和接收”键，Out-Look Express 才会自动连通因特网将信件发出。

10. 解决乱码的方法

Outlook Express 提供了解决乱码的方法，首先选择乱码邮件，单击“查看”菜单指向“编码”命令中的“简体中文(GB2312)”，也可指向“编码”命令中的“其他”。这里提供了“阿拉字符”、“波罗的海字符”、“中欧字符”等 19 种字符选择，你只需单击“简体中文(HZ)”即可。另一种方法是：首先选择乱码邮件，单击鼠标右键打开邮件快捷菜单，选择“属性”命令；然后在出现的对话框中单击“详细资料”标签，单击右下角的“邮件源文件……”按钮，这时就会打开邮件的源文件码，如此就可看到邮件内容了。

11. 熟悉 Outlook Express

其实，Outlook Express 的功能还有很多。由于功能多，给用户提供了更大的方便。下面，我们就从 Outlook Express 的界面开始做如下介绍：

(1) Outlook Express 的界面

Outlook Express 的界面由菜单栏、文件夹列表、内容区和状态栏组成，如图 8.3 所示。

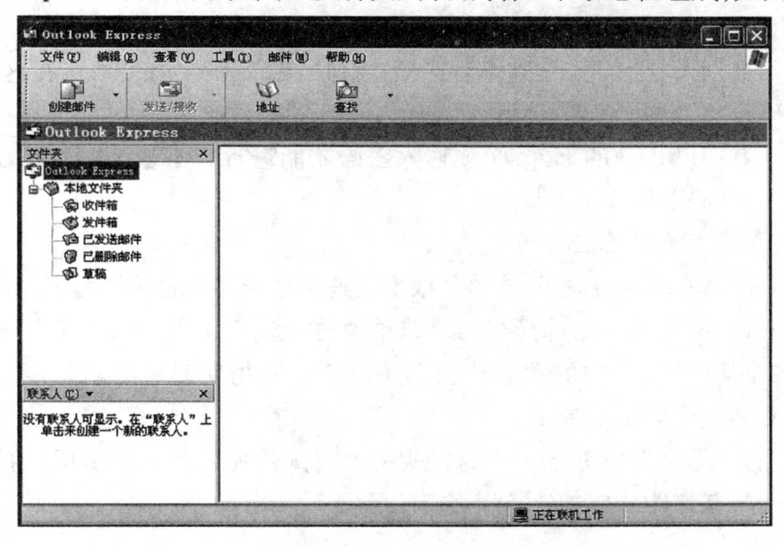

图 8.3 Outlook Express 操作界面

①菜单栏：菜单栏由文件、编辑、查看、工具、邮件、帮助等项组成。

点击每一项都会拉出一个菜单，即 Outlook Express 的绝大部分功能都可以在这里实现。

②工具栏：一般位于菜单栏下方，但两者位置也可以调整。方法是拖住左边突出的地方，随意放在某个地方即可。工具栏由一些功能按钮组成，它们是一些常用功能的快捷

方式。

点击按钮,可以弹出新邮件编辑窗口,在这个窗口中,就像上面介绍的一样,填入地址、主题等,再写点内容,就可以作为邮件发送。此按钮主要用来发送和接收邮件。想查看有无新邮件,或者写好的信要发出,都可以用此按钮。

③文件夹列表和内容区:具体包括两部分,邮件列表区和邮件预览区。文件夹列表区和内容区的操作方式与 Windows 资源管理器的操作及其类似。如点击收件箱文件夹,右边的内容区显示的就是收件箱中的邮件(邮件其实就是一种文件)。点击选中的邮件,即可阅读其内容。

④状态栏:位于 Outlook Express 窗口最下方,能够显示 Outlook Express 的工作状态。

⑤使用附件发送邮件:如果想给你的朋友发送一个文件、一张图片、一段声音文件时,该如何实现呢?

在编辑新邮件的界面上,有一个非常重要的功能按钮,那就是附加,有一个曲别针。我们就是用这个曲别针来夹带声音、图片以及其他文件。事实上,只要是以文件的形式存在,都可以附件的方式附加发送。但要注意,文件不要太大。

(2)使用标识,防止偷看

Outlook Express 允许管理多个账户,如果这些账户并不属于你自己,那么你的邮件有可能被别人看到。每个人都有自己的隐私,如何进行保密呢?将鼠标移动到内容区的标识,点击一下弹出菜单,选择添加新标识。

这时将弹出如下画面:输入 jimi。下方有一个启动时询问密码,这个很重要,它能保证你的邮件不被别人看到。点中这个复选框,将弹出输入密码对话框;可在这里输入你容易记住的密码;最后,点击确定按钮即可。

这样要查看用户 migi 的邮件,必须输入密码才能进行。注意:输入的密码一定要正确,计算机只认密码不认人。

(3)永远解除乱码的方法

对 Outlook Express 进行设置,能够从根本上解决电子邮件的乱码问题。方法为:

①打开 Outlook Express5,选择“工具”菜单中的“选项”命令,单击“阅读”标签;

②单击“字体”按钮,选择“简体中文(GB2312)”并把它设置为默认值,设置好后按“确定”按钮回到“阅读”对话框;

③单击“国际设置”按钮,选中“为接收的所有邮件使用默认的编码”,确定后退出。当你再次打开所有邮件,中文邮件就不会有乱码了。

(4)备份邮件

具体操作步骤如下:

①打开 Outlook Express,进入要备份的信箱,如收件箱;

②选择要备份的邮件。按住 Ctrl 键,点击第一封和最后一封邮件可全选;也可点击所需邮件,去选择多个邮件;

③用鼠标左键点击“转发邮件”。此时,刚才所选的邮件被作为附件,夹在新邮件中;

④在“新邮件”对话框中,选择“文件”菜单中的“另存为(A)……”命令,然后为此邮

件取个文件名即可。以上方法可以有选择地导出邮件。如果想彻底保存邮件，那就到 C：\WINDOWS\ApplicationData\Microsoft\OutlookExpressMail 文件夹中，将所有的文件全部备份即可。

(5)不用 Word 作为默认邮件编辑器

Word 启动时间长、占用内存多、邮件长度大，这会增加邮件的传送时间。因此，最好不用它作为默认邮件编辑器。

12. 安全问题

电子邮件的安全问题包含两个方面，一个是邮件可能给系统带来的不安全因素，另一个是邮件内容本身的隐私性。

13. 预防垃圾邮件

(1)不要随便回应垃圾邮件

当你收到垃圾邮件时，不论你多么愤怒，千万不要回应，在这里“沉默是金”。因为你一回复，就等于告诉垃圾邮件发送者你的地址是有效的，这样会招来更多的垃圾邮件。

(2)借助反垃圾邮件的专门软件

市面上一般都能买到这种软件，如可用 BounceSpamMail 软件给垃圾邮件制造者回信，告之所发送的信箱地址是无效的，免受垃圾邮件的重复骚扰。而 McAfeeSpamKiller 也可以防止垃圾邮件，同时自动向垃圾邮件制造者回复“退回”等错误信息，防止再次收到同类邮件。

(3)使用好邮件管理及过滤功能

Outlook Express、Foxmail 和 qqmail 都有很不错的邮件管理功能，用户可通过设置过滤器中的邮件域名、邮件主题、来源、长度等规则对邮件进行过滤。垃圾邮件一般都有相对统一的主题，如“促销”、“sex”等；若你不想收到这一类邮件，可以试着将过滤主题设置为包含这些关键字的字符。

(4)学会使用远程邮箱管理功能

一些远程邮箱监视软件，能够定时检查远程邮箱，显示主题、发件人、邮件大小等信息，你可以根据这些信息判断哪些是你的正常邮件，哪些是垃圾邮件，从而直接从邮箱里删除那些垃圾，而不用每次把一大堆邮件下载到自己的本地邮箱后再来删除。

(5)选择服务好的网站申请电子邮箱地址

中国没有针对垃圾邮件的立法，也没有主导开发反垃圾邮件的新技术，垃圾邮件的监测主要是靠互联网使用者的信用和服务提供商对垃圾邮件进行过滤。

(6)使用有服务保证的收费邮箱

收费邮箱的稳定性要好于免费邮箱，随着技术更完善的新服务的出现，同时随着未来双向认证的电子邮件系统的出现，也会让垃圾邮件渐渐远离人们的生活。

三、任务检测

特别提示

使用电子邮件进行宣传推广的技巧：
1. 收集目标用户
2. 准确定位
3. 掌握发送周期
4. 邮件地址管理
5. HTML 格式
6. 使用签名文件

相关知识

本任务所涉及的知识点是：
1. 发送电子邮件
2. 通过发电子邮件进行网站宣传

任务4 网络营销方案与传统宣传方式

任务描述

网络营销是指基于互联网、移动互联网平台，利用信息技术与软件工具，满足商家与客户之间交换概念、推广产品、提供服务的过程；以及通过在线活动创造、宣传和传递客户价值，并对客户关系进行管理，以达到一定营销目的的新型营销活动。

网络营销具有跨时空、整合性、交互性、成长性和经济性等特征，网络营销已成为现代营销方式中必不可少的营销手段。网络营销策划内容如图8.4所示。

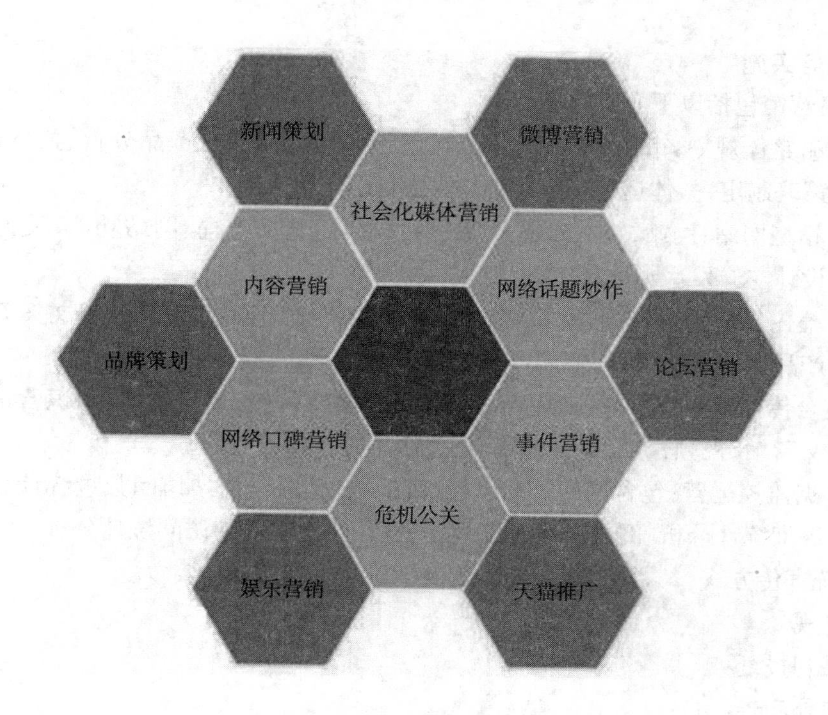

图 8.4 网络营销策划内容

传统宣传方式是指电视广告、报纸广告、路牌广告等,传统宣传方式无法基于本身的平台和用户进行即时的互动交流,但是网络可以做到。

任务目标

- 会制定网络营销方案
- 会利用传统宣传方式

任务分析

传统媒体是二维的,而网络宣传是多维的。网络宣传营销的实质就是通过网络吸引目标客户与自己达成交易,以实现经济效益和社会效益。网络营销内容包括:自建网站、博客,在大型相关网站上做广告、链接等。传统宣传方式由于容量有限,不可能通过展示目标客户关心的所有问题,来达到吸引客户的目的;而网络可以。因此,网络必须把目标客户所关心的问题,尽可能全部体现出来。

任务实施

一、任务准备

如果是通过自建网站进行网络营销,其核心就是做关键词;而关键词的实质就是目标客户会在网络上搜索的问题,这当然就是目标客户所关心的问题。因此,做网站的实质就是做问题。当然,传统的宣传手段(电视、报纸、杂志等)也应该对此加以考虑。所以,上述两种宣传方式都应围绕这一点来开展。

二、任务实施

1. 网络营销包括以下五大方案

(1)战略整体规划:市场分析、竞争分析、受众分析、品牌与产品分析、独特销售主张提炼、创意策略制定、整体运营步骤规划、投入和预期设定。

(2)营销型网站:网站结构、视觉风格、网站栏目、页面布局、网站功能、关键字策划、网站 SEO、设计与开发。

(3)传播内容规划:品牌形象文案策划、产品销售概念策划、产品销售文案策划、招商文案策划、产品口碑文案策划、新闻资讯内容策划、各种广告文字策划。

(4)整合传播推广:SEO 排名优化、博客营销、微博营销、论坛营销、知识营销、口碑营销、新闻软文营销、视频营销、事件营销、公关活动等传播方式。

(5)数据监控运营:包含网站排名监控、传播数据分析、网站访问数量统计分析、访问人群分析、咨询统计分析、网页浏览深度统计分析、热门关键字访问统计分析。

2. 传统宣传方式

(1)电视。

(2)书刊报纸。

(3)户外广告。

(4)其他印刷品。

(5)口头传播。

总之,如果说营销是通过满足客户的需求来实现盈利;网络宣传相对于传统宣传方式,无疑更能抓住目标客户的各类需求,并且帮助企业满足客户的相关需求,从而实现良好的经济效益。

三、任务检测

特别提示

网络宣传的优点:

1. 网络宣传拥有最有活力的消费群体
2. 网络宣传制作成本低、速度快、更加灵活
3. 网络宣传具有交互性和纵深性
4. 网络宣传的投放更具有针对性
5. 网络宣传的受众关注度高
6. 网络宣传缩短了媒体投放的进程
7. 网络宣传传播范围广、不受时空限制
8. 网络宣传具有可重复性和可检索性

相关知识

本任务所涉及的知识点如下：

1. 制定网络营销方案
2. 利用传统宣传方式

单元小结

本单元主要讲述网站推广所涉及的搜索引擎的使用方法、网络广告的使用方法、电子邮件的发送原理及使用方法和注意事项、网络营销方案与传统的宣传方法等。网站推广就是以产品为核心内容，建立网站和域名注册查询，再把这个网站通过各种免费、收费渠道展示给消费者的一种操作方法。

综合测试

一、填空题

1. 网站推广就是以__________为核心内容，建立__________网站和__________注册查询，再把这个网站通过各种免费、收费渠道展示给__________的一种操作方法。
2. 搜索引擎主要可分为三种模式，分别是__________搜索引擎、__________搜索引擎和__________搜索引擎。
3. 搜索引擎注册通常有__________注册和__________注册两种方式。
4. 网络广告的常见形式包括：BANNER 广告、__________广告、__________广告、__________广告、__________广告、超级链接等。
5. 电子邮件是进入网络时代后出现的一种__________宣传广告方式，此方式是向网站的__________客户或__________客户发送有关网站宣传资料的邮件。

二、选择题

1. 以下属于传统宣传方式的是(　　)。
   A. 电视　　B. 书刊报纸　　C. 户外广告　　D. 电子邮件
2. 传统媒体是二维的，而网络宣传是(　　)维的。
   A. 一　　B. 三　　C. 多　　D. 0
3. 传统宣传方式无法基于本身平台和用户进行即时的互动交流，但(　　)平台可以做到。
   A. 网络　　B. 电视　　C. 报纸　　D. 广告牌
4. 电子邮件的传输是通过电子邮件简单传输协议(SMTP)来完成的，它是 Internet 下的一种(　　)协议。
   A. 电子邮件通信　　B. 网络
   C. 口头　　D. 传输

5. 如果经常和国外的客户联系，建议使用(　　)电子邮箱。

A. 国外　　B. 国内　　C. 本省　　D. 本市

三、简答题

1. 网络宣传的优点有哪些?

2. 使用电子邮件进行宣传推广的技巧有哪些?

3. 网络广告与传统的广告方式相比有哪些优点。

单元九　网站维护与更新

单元概述

网站创建完成并上传到网页空间后，需要定期或不定期地更新内容，才能不断地吸引更多的浏览者，增加访问量。网站维护是为了让网站能够长期稳定地运行在 Internet 上。

网站维护内容包括：服务器及相关软硬件的维护（对可能出现的问题进行评估，制定响应时间）；数据库维护（有效地利用数据库是网站维护的重要内容，因此数据库的维护要受到重视）；内容的更新、调整；制定相关网站维护的规定，将网站维护制度化、规范化；做好网站安全管理，防范黑客入侵网站（检查网站各个功能、链接是否有错）。

建站容易维护难。对于网站来说，只有不断地更新内容，才能保证网站的生命力，否则，网站不仅不能起到应有的作用，反而会对整个网站的形象造成不良影响。现在网页制作工具不少，但为了更新信息而日复一日地编辑网页，对信息维护人员来说，疲于应付是普遍存在的问题。

单元目标

- 明确网站日常维护的内容
- 明确网站更新的方法

任务1 网站的日常维护

任务描述

网站的日常维护主要包括以下内容：

1. 在网站建设初期就要对后续维护给予足够的重视，保证网站后续维护所需资金和人力。很多单位是以外包项目的方式建设网站的，建设时很舍得投入资金。可是网站发布后，维护力度不够，信息更新工作迟迟跟不上。网站建成之时，便是网站死亡的开始。

2. 从管理制度上保证信息渠道的通畅和信息发布流程的合理性。网站上各栏目的信息往往来源于多个不同的部门，要进行统筹考虑，确立一套从信息收集、信息审查到信息发布的良性运转的管理制度。既要考虑信息的准确性和安全性，又要保证信息更新的及时性。

3. 在网站建设过程中要对网站的各个栏目和子栏目进行尽量细致的规划，并在此基础上确定哪些是经常要更新的内容，哪些是相对稳定的内容。且由承建单位根据相对稳定的内容设计网页模板，这样在以后的维护工作中，上述模板不用改动，如此既省费用，又方便后续的维护工作。

4. 对经常变更的信息，尽量用结构化的方式（如建立数据库、规范存放路径）管理起来，以避免数据杂乱无章的现象。若采用基于数据库的动态网页方案，则在网站开发过程中，不但要保证信息浏览环境的方便性，还要保证信息维护环境的方便性。

5. 要选择合适的网页更新工具。信息收集起来后，如何“写到”网页上去，采用不同的方法，效率也会不同。比如使用 notepad 直接编辑 html 文档与用 dreamweaver 等可视化工具相比，后者的效率自然高很多。若既想把信息放到网页上，又想把信息保存起来以备以后再用，此时采用把网页更新和数据库管理结合起来的工具效率会更高。

任务目标

- 能制定相关网站维护的规定以及将网站维护制度化、规范化
- 能及时对网站进行日常维护

任务分析

如何快捷方便地更新网页，提高更新频率和效果，是目前很多网站面临的共同问题，

因此我们应予以足够的重视。

任务实施

一、任务准备

在网站建设之初,就考虑网站的后期维护问题,在提出网站的设计要求时,要求网站的建设方将网站按照模块化建设,包括网站配色方案,以便在后期网站的使用和维护过程中做到方便快捷。

二、任务实施

1. 服务器软件维护

包括服务器、操作系统,以及 Internet 连接线路等等。网站的软件系统应及时进行更新,对于操作系统应及时安装系统补丁,服务器所使用的杀毒软件也应及时在线更新,以确保网站每天 24 小时不间断正常运行。

2. 服务器硬件维护

计算机硬件在使用过程中,时常会出现一些问题。同样,网络设备也影响单位网站的工作效率;网络设备管理属于技术操作,非专业人员的误操作有可能导致整个企业网站瘫痪。维护操作系统的安全必须不断地留意相关网站,及时地为系统安装升级包或者打上补丁。对于网站的硬件系统,如硬盘、内存等硬件应随着网站访问量的增加及时地进行添加,以保证更多的用户可以访问我们的网站。

3. 客户端维护

(1)对留言板进行维护

网站制作好留言板或论坛后,要经常维护,总结意见。因为一般访问者对站点有什么意见,通常都会在第一时间看看站点哪里有留言板或者论坛,然后就在那里记录,期望网站管理者能提供他想要的东西,或提供相关的服务。我们必须对别人提出的问题进行分析总结,一方面要以尽可能快的速度进行答复,另一方面也要记录下来进行切实的改进。

(2)对客户的电子邮件进行维护

所有的企业网站都有自己的联系页面,通常是管理者的电子邮件地址,经常会有一些信息发到邮箱中,对访问者的邮件要尽量及时答复。最好是在邮件服务器上设置一个自动回复的功能,这样能够使访问者对站点的服务有一种安全感和责任感,然后再对用户的问题进行细致的解答。

(3)维护投票调查程序

部分企业网站上有一些投票调查的程序,用来了解访问者的喜好或意见。我们一方面要对已调查的数据进行分析;另一方面也可以经常变换调查内容。但对于要调查内容的设置要有针对性,不要净搞一些相当空泛的问题。

4. 网站安全维护

随着黑客人数日益增长和一些入侵软件盛行,网站的安全日益遭到挑战,像 SQL 注入、跨站脚本、文本上传漏洞等,而网站安全维护也成为日益重视的模块。网站安全隐患主要是源于网站自身存在漏洞,所以,网站安全维护的关键在于早发现漏洞和及时修补漏洞。网上有专门的网站漏洞扫描工具,需要注意的是发现漏洞要及时修补,特别是采用一些开放源码的网站更是如此。

5. 内外技术支持和备份

在网站使用一段时间之后,网络的管理人员应该定期对网站的系统或者数据进行备份,避免由于系统瘫痪或者服务器的硬件故障造成比较大的损失。备份工具可以使用Windows Server 2003 自带的备份工具,也可以使用其他专业的备份工具。需要注意的是备份应该保存在服务器之外的存储设备上,而不应该保存在服务器的硬盘上,以避免由于硬盘损坏造成数据及备份数据的丢失。

6. 新内容的开发

一个网站只有不断地推陈出新,才能保证自己鲜活的生命。因此,对于网站新内容的再开发也是非常必要的,应根据自身的发展和用户需求的变化经常开发一些网站的新内容,以满足企业的发展与用户的需求。

三、任务检测

特别提示

企业可选择的网站维护方式及特点:

1. 企业招聘专业维护人员,包括网页设计人员、文字采编人员、美工、服务器维护专员等。其特点是维护成本高、维护效率高、维护效果有保证。

2. 企业委托建站公司,双方约定建站公司一定时期内免费对网站进行小范围改版、内容维护。其特点是维护成本低、维护效果低、维护效果无保证。

3. 企业委托专业网站维护公司,双方签订网站维护合同,维护公司在网站内容更新、网页改版、安全维护、数据备份等方面全方位进行呵护。其特点是维护成本非常低、维护效果高、维护效果有保证。

相关知识

本任务所涉及的知识点是:

1. 制定相关网站维护的规定,将网站维护制度化、规范化

2. 及时对网站进行日常维护

任务2 网站的更新

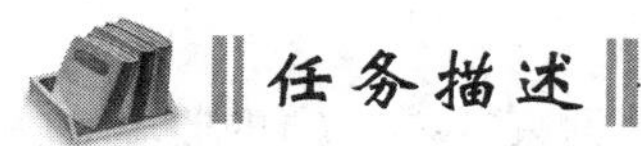

任务描述

网站内容的更新，是指在不改变网站结构和页面形式的情况下，增加或修改网站固定栏目里面的内容。

常言说，建站容易维护难。对于网站来说，只有不断地更新内容，才能保证网站的生命力；否则网站不仅不能起到应有的作用，反而会对企业自身形象造成负面影响。

任务目标

- 能实时进行站点内容的更新

任务分析

我们知道，网站的架构只是骨架，内容才是血和肉。没有内容的网站，就像一个形销骨立的垂死之人，而内容丰富的网站，则像一位丰满的少女，往往会形成万人竞相争睹的景象。让人遗憾的是，现在很多网站在运营的时候，往往误读了内容的重要性，认为只要把网站的内容填满就行，根本不注重内容的可读性、原创性和对用户的帮助性。

任务实施

一、任务准备

1. 增加原创内容，减少转载内容，最好是不转载。

2. 注意内容的独立性。每个页面都要有一定的差异性，起码不能低于三分之一。

3. 内容相应的分段资源要充分利用。具体多少字分段，要根据自己页面本身的内容安排。

4. 内容的相关性。我们写文章一定要写和网站主题相关的内容。

二、任务实施

1. 网站更新的思路

(1)满足用户的需求

通常，满足用户的需求应该从两方面着手。一方面要满足用户的时间需求，要坚持每天更新网站的内容，不能让用户每天来你的网站，总是看到一模一样的内容；另一方面，网站的内容要吸引用户，哪怕是一些采集、转载的内容。当然，这些内容不能违背网站的核心关键词,更不能整个网站都这样采集内容、转载内容,也应适当地制造一些话题,让用户在网站上参与互动,同时还要搞一些原创性的新闻内容。

(2)满足搜索引擎的优化需求

除老用户外,网站内容如何让新用户知道?吸引新用户的方法自然就是通过搜索引擎的关键词搜索。若网站的内容被搜索引擎收录越多,其在网络上的曝光率就会越高,用户就能更容易地来到自己的网站上。故内容的更新,也要满足搜索引擎的优化需求。所以网站内容要尽可能地原创,当然适当的转载也可以。另外,在更新网站内容时,也要参考百度等搜索引擎蜘蛛爬行网站的习惯,每天更新网站内容应该分时段且多次更新,这样有助于百度蜘蛛每天能够多光顾几次你的网站。

(3)满足用户通过网站营销的需求

我们想要取得好的效益,自然也要让用户能够通过自己的网站来获得一定的收益,也就是双赢。如果一味地搜刮用户的利益,那最终会让用户反感,不愿意再来你的网站。比如百度,它能够提供上传文库、百度知道、百度空间等产品服务,在这些服务上,很多高级别的账号就能够获得更好的权益,同时也能够通过这些平台获得不错的收入。所以,对于自己的网站,也应该尽可能满足用户的营销需求,当然,这个营销需求也应该有一个度,那就是不影响自己网站的用户体验度为前提,同时也不能够影响网站的SEO优化等。

2. 网站更新实例

网站运行一段时间后,往往需要对网站的版式与内容进行更新,下面通过实例讲述网站的内容更新。

(1)首页内容更新

对于网站首页内容的更新,管理员可访问网站根目录下的admin/index.asp页面;通过身份认证后,可进入图9.1所示的网站后台管理界面。

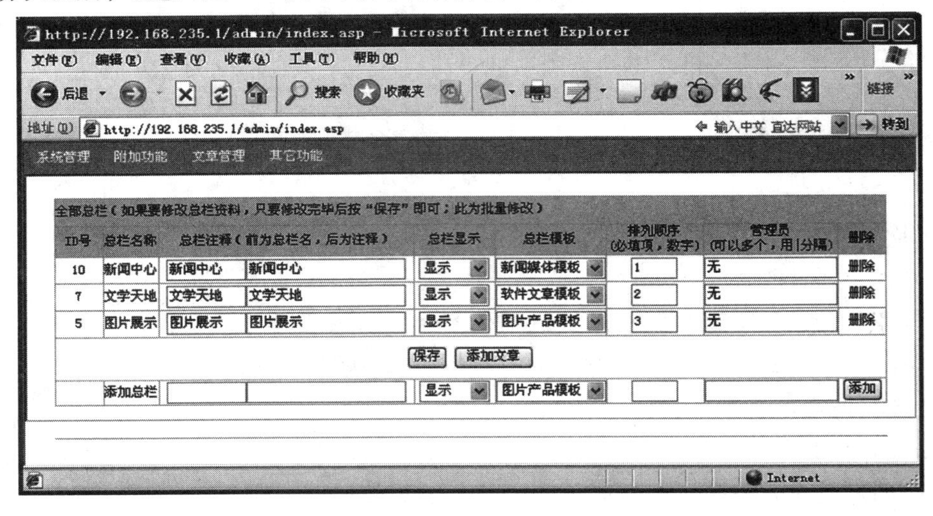

图9.1 网站后台管理界面

在图 9.1 所示的界面中,可进行系统管理(网站属性、功能设置、CSS 编辑、部门管理、用户管理、个人资料、系统初始)、附加功能(公告管理、友情链接)、文章管理(专题管理、评论管理、文章审核)、其他功能(重新登录、返回首页、退出管理)等内容进行相关的设置,读者可自行测试。

(2)在线学习更新

对于本例所提供的在线学习模块,采用单独创建的方式;如有需要,可直接将网站根目录下的 ONLINE 文件夹下的内容单独作为一个网站使用。

在需要发布新的教程,或者需要对所提供的教程的章节进行管理,对能够访问在线学习系统的学生进行管理,对所提供的在线考试的题目进行管理,对学生所提出的问题进行管理,对所进行的在线调查进行管理,对视频信息的管理,对在线学习页面公告的管理等等。管理员可以登录网站根目录下的 online/teacher/default. asp 页面,通过认证后将显示图 9.2 所示的在线学习管理界面,读者可自行测试。

图 9.2 在线学习管理界面

(3)校友录的更新

校友录是现在学生之间比较流行的网上交流方式,对于本实例所提供的校友录模块,采用单独创建的方式,读者如有需要可直接将网站根目录下的 t 文件夹下的内容单独作为一个网站使用。

如果需要对校友录的内容进行更新,管理员可以登录网站根目录下的 t/index. asp 页面,通过认证后将显示图 9.3 所示的校友录后台管理界面。由图 9.3 可以看出,校友录的后台管理分为三个部分,具体包括:

①站点信息管理:可以进行编辑班级公告、修改班级基本信息、变更班级总管、批量删除帖子、变更班级 LOGO、变更班级横幅、共享附件设置、访问统计设置、置底版权信息等内容。

②模板与风格:在其中可以进行模板设置、颜色管理和安装新模板等操作。

③数据库管理：在其中可进行压缩和恢复、备份、还原数据库等操作。

这些设置对于校友录的管理非常有帮助，读者通过实训设置后可细细品味。

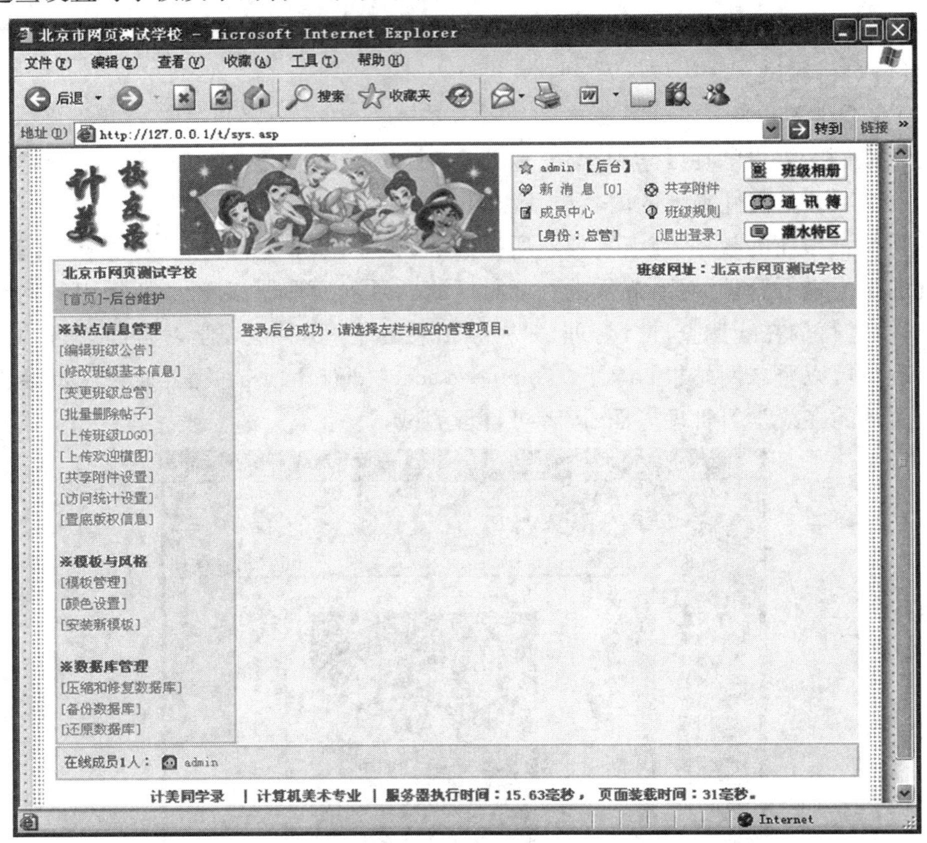

图 9.3 校友录后台管理界面

特别提示

提高网页更新速度的技巧：

1. 给网站上每个页面添加一个最新文章的版块。这样，每次网站有新文章发布，全站所有页面就都更新了。

2. 给网站上每个页面添加一个“最新留言的版块”或“随机推荐的版块”。这样，网站上每次有新的留言，全站所有页面也就都更新了。

单元小结

本单元主要讲述网站日常维护的内容及网站更新的方法，网站维护内容包括服务器及相关软硬件的维护；数据库维护；网站内容的更新、调整；制定相关网站维护的规定，将网站维护制度化、规范化；做好网站安全管理，防范黑客入侵网站等；网站内容的更新要讲究方式方法，并且要树立全心全意为客户服务的理念。

综合测试

一、填空题

1. 企业在选择网站维护方式时需考虑的三个要素是维护____________、维护____________、维护____________。
2. 网站更新的思路是满足____________的需求、满足____________的优化需求、满足用户通过____________的需求。
3. 网站维护内容包括:____________及相关____________的维护;____________维护;防范____________入侵网站等等。
4. 网站安全维护的关键在于早____________漏洞和及时____________漏洞。
5. 对于网站来说,只有不断地____________内容,才能保证网站的____________。

二、简答题

1. 提高网页更新速度的技巧有哪些?
2. 企业可选择的网站维护方式及特点是什么?

单元十　网站设计合同综述

单元概述

一个网站项目的确立是建立在各种各样的需求之上的。这种需求往往来自于客户的实际需求。由于网站需要面对不同层次的用户，因此网站项目的负责人对用户需求的理解，在很大程度上决定了此类网站开发项目的成败。

需求分析活动其实就是一个和客户交流，正确引导客户能够将自己的实际需求用较为适当的技术语言进行表达(或者由相关技术人员帮助表达)以明确项目目的的过程。

单元目标

- 网站需求分析报告的书写方法
- 网站制作合同的书写方法
- 网站验收报告的书写方法
- 网站维护合同的书写方法

任务1 网站建设需求分析

任务描述

需求分析的目的是使网站制作方全面了解网站使用方所建网站要实现哪些功能。因此,需求分析报告应该由网站的使用方提出,但制作方有义务帮助使用方进一步完善需求分析报告。

如何更好地了解、分析和明确用户需求,并且能够准确、清晰地以文档的形式表达给参与项目开发的每个成员,保证开发过程按照用户需求进行,是每个网站开发项目管理者需要面对的问题。需求分析工作是网站建设中重要的一步,也是决定性的一步。只有通过需求分析,才能把网站功能的总体概念描述为具体的网站功能描述书,从而奠定网站开发的基础。

任务目标

- 能根据用户需求编写网站建设需求分析报告

任务分析

网站建设需求分析的目的是:完整、准确地描述用户的需求,跟踪用户需求的变化,将用户的需求准确地反映到系统的分析和设计中,并使系统的分析、设计和用户的需求保持一致。需求分析的特点包括需求的完整性、一致性和可追溯性。

网站需求分析阶段的工作,可以分成以下四个阶段:即用户调查、市场调查、编制网站功能描述书、评审,如图 10.1 所示。

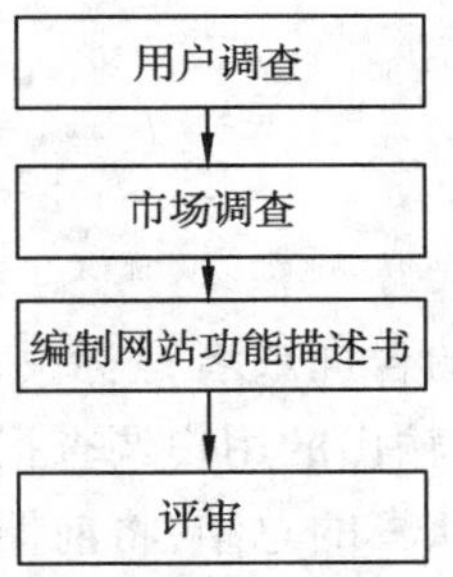

图 10.1 网站需求分析的四阶段

任务实施

一、任务准备

安排好参与需求分析活动的人员。需求分析一般来说需要有一个分析团队,如用户代表、系统分析人员、开发人员、需求管理人员等,他们的分工不同且各有侧重点。

二、任务实施

分四个阶段进行,具体内容如下:

1. 用户调查

通过用户调查,明确用户的需求,了解企业的业务状况和业务流程。

调查的主要内容有:

(1)网站当前以及日后可能出现的功能需求;

(2)客户对网站的性能(如访问速度)的要求和可靠性要求;

(3)确定网站维护要求;

(4)网站的实际运行环境;

(5)网站页面总体风格以及美工效果;

(6)主页面和次级页面数量以及是否需要多种语言版本等;

(7)内容管理及录入任务的分配;

(8)各种页面特殊效果及其数量(JavaScript、Flash 等);

(9)项目完成时间及进度;

(10)明确项目完成后的维护责任。

调查结束以后,需要编写用户调查报告。用户调查报告的要点有以下三方面:

①调查概要说明:包括网站项目的名称、用户单位、参与调查的人员、调查开始及终止的时间、调查工作安排。

②调查内容说明:用户的基本情况、用户的主要业务、信息化建设现状、网站当前和将来潜在的功能需求、性能需求、可靠性需求、实际运行环境;用户对新网站的期望等。

③调查资料汇编:将调查得到的资料分类汇总(如调查问卷、会议记录等)。

2. 市场调查

市场调查的主要内容是对网站目标客户、企业产品的市场占有情况,以及竞争对手的情况进行分析,然后确定网站的市场定位。调查内容如下:

(1)目标客户的调查与分析;

(2)竞争对手的调查与分析;

(3)市场定位分析。

3. 编制网站功能描述书

在拥有前期公司和客户签订的合同或者是标书的约束之下,通过较为详细具体的用户调查和市场调研活动,借鉴其输出的用户调查报告和市场调研报告文档,项目负责人应该对整个需求分析活动进行认真的总结,将前期不明确的需求逐一明确清晰化,并写出一份详细清晰的总结文档—网站功能描述书,以作为日后项目开发过程中的依据。

网站功能描述书的主要内容是：

（1）网站功能；

（2）网站用户界面；

（3）网站运行的软、硬件环境；

（4）网站系统性能定义；

（5）网站系统的软件和硬件接口；

（6）确定网站维护的要求；

（7）确定网站系统空间租赁要求；

（8）网站页面总体风格及美工效果；

（9）主页面及次页面大体数量；

（10）管理及内容录入任务分配；

（11）各种页面特殊效果及其数量；

（12）项目完成时间及进度（按合同规定）；

（13）明确项目完成后的维护责任。

4. 评审

组织有关专家对形成的网站建设需求分析报告进行评审，看是否达到预期要求。

三、任务检测

特别提示

特别说明：上述需求分析活动内容是建立在较为理想的基础之上。由于各公司现实情况不同，读者可以根据自身情况特点借鉴利用。最为重要的是能够根据本公司的实际情况，系统地规范此类文档并且做好保存和收集工作。

相关知识

本任务所涉及的知识点是：根据用户需求编写网站建设需求分析报告。

任务2 网站制作合同的签订

任务描述

在使用方和网站制作方对网站的需求分析达成共识后，双方需要签订网站制作合同书。

任务目标

- 会签订网站制作合同

任务分析

依照合同法的规定，合同是指平等主体的自然人、法人、其他组织之间设立、变更、终止民事权利义务关系的协议。

当事双方签订网站制作合同的意义，在于双方在初始信任或不信任的状态下，因合同的签订就有了法律依据；在履行合作期间，双方的书面承诺，有法可依，有据可寻，使所有的商务合作者，都能规范地承诺和履行合作的过程，从而使合作的结果完美化和合法化，这对和谐社会构建能起到不可估量的作用。

任务实施

一、任务准备

当事双方（甲方、乙方）事先完成签订合同的各项准备工作。

二、任务实施

合同基本内容如下：

甲方：____________

乙方：____________

甲方在此委托乙方进行____________网站的建设。为明确双方责任，经友好协商，双方达成以下协议：

第一条　项目的内容、价款、开发进度、交付方式由附件一载明

第二条　甲方的权利和义务

1. 提供专人与乙方联络。

2. 提供所有需要放到网上的资料且交给乙方，并保证资料的合法性。

3. 按照附件一的要求，及时支付费用。

4. 甲方将在著作权法的范围内使用本合同标的及相关作品、程序、文件源码，不得将其复制、传播、出售或许可给其他第三方。

5. 甲方对本合同标的中的网页、图像享有排他的使用权。

第三条　乙方的权利和义务

1. 提供专人与甲方联络。

2. 按附件一的要求，使用甲方提供的资料进行网站开发。

3. 在附件一要求的期限内，完成网站的开发，并通知甲方进行验收。

4. 在验收期内按照甲方要求，对不合适内容进行修改。

5. 本合同标的及相关作品、程序、文件源码的版权属乙方所有。

第四条　验收

1. 验收标准

(1)甲方可通过任何上网的计算机访问这个网站。

(2)主页无文字拼写及图片(以甲方提供的材料为准)错误。

(3)网络程序能正常运行。

2. 验收期时间为 7 天。

第五条　违约责任

1. 任何一方有证据表明对方已经、正在或将要违约，可以中止履行本合同，但应及时通知对方。若对方继续不履行、履行不当或者违反本合同，该方可以解除本合同并要求对方赔偿损失。

2. 因不可抗力而无法承担责任的一方，应在不可抗力发生的 3 天内，及时通知另一方。

3. 一方因不可抗力确实无法承担责任，而造成损失的，不负赔偿责任。本合同所称不可抗力是指不能预见、不能克服并不能避免且对一方当事人造成重大影响的客观事件，包括自然灾害(如洪水、地震、火灾和风暴等)以及社会事件(如战争、动乱、政府行为)等。

第六条　保密条款

双方应严格保守在合同执行过程中所了解的对方的商业及技术机密，否则应对此造成的损失承担赔偿。

第七条　以上条款如有未尽事宜，经甲、乙双方协商后加以补充，补充内容(若手写需加盖公章)____________。

第八条　其他

1. 如果本合同任何条款根据现行法律被确定为无效或无法实施，本合同的其他所有条款将继续有效。此种情况下，双方将以有效的约定替换该约定，且该有效约定应尽可能接近原约定和本合同相应的精神和宗旨。

2. 附件一规定的有效期满，本合同自动失效。届时双方若愿继续合作，应重新订立合同。

3. 本合同经双方授权代表签字并盖章，自签订之日起生效。

4. 本合同一式两份，双方当事人各执一份，具有同等法律效力。

甲方(盖章)：____________　　乙方(盖章)：____________

代表(签字)：____________　　代表(签字)：____________

________年________月________日　　________年________月________日

附件一　项目的内容、价款、开发进度、交付方式

1. 合同金额

域名________个，________元/年；主机空间________Mweb 空间，________Mlog 空间，________Memail 空间，________M 数据库空间，________个 email，________M 带宽，________元/年；网页________页，模版生成/数据库管理，________元；________系统________个，________元；计数器________个，________元；其他________；费用合计________元。

2. 付款方式

本合同涉及总金额为人民币________元，合同签订后，甲方支付合同金额的________%，即________元作为定金，验收之后一次性支付合同余款即________元。

3. 开发周期

甲方在________年________月________日之前，将所需全部资料交给乙方，并且将定金汇至乙方账户。

乙方在________年________月________日之前，完成网站的建设。

甲方在________年________月________日之前，对网站进行验收。

甲方在________年________月________日之前，将余款汇至乙方账户。

4. 合同期限

本合同有效期为________年________月________日至________年________月________日。

三、任务检测

相关知识

本任务所涉及的知识点是：如何签订网站制作合同。

任务3 网站设计合同的履行

任务描述

在签订完网站设计合同后，制作方在收到网站制作的预付定金后，应着手分配人力进行网站的制作。

任务目标

- 乙方履行网站设计合同

任务分析

当甲、乙双方正式签署网站设计合同后，该合同的履行就摆在我们面前。

任务实施

一、任务准备

网站制作合同已签订。

二、任务实施

1. 总体设计

总体设计是非常关键的一步，内容包括：

(1)网站需要实现哪些功能

根据客户的需求可以决定网站制作的组成人员。例如，网站需要 Flash 动画则需要熟悉 Flash 制作的人员；需要实现新闻的动态更新则需要网站编程人员。

(2)网站开发使用什么软件以及在什么样的硬件环境

通常采用 Dreamweaver 8 设计网站的总体界面，该软件功能强大，是网页设计者普遍采用的网页制作软件。

(3)需要多少人及多少时间

网站的制作一般需要 3 名制作人员，1 名美工负责网站的整体界面设计，1 名编程人员负责网站的后台编程，1 名 Flash 动画制作人员负责网站的 Flash 动画制作。

(4)需要遵循的规则和标准有哪些

同时需要写一份总体规划说明书，包括：

①网站的栏目和版块;

②网站的功能和相应的程序;

③网站的链接结构;

④如果有数据库,进行数据库的结构设计;

⑤网站的交互性和用户友好设计。

在总体设计出来后,一般需要给客户一个网站建设方案。很多网页制作公司在接洽业务时就被客户要求提供方案,但那时的方案一般比较笼统,且在客户需求不是十分明确的情况下提交方案,往往和实际制作后的结果会有较大差异。所以应该尽量取得客户的理解,在明确需求及总体设计后提交方案,这样对双方都有益处。当方案通过客户认可后,就可着手开始制作网站。

2. 网站详细设计

总体设计阶段是采用比较抽象概括的方式提出解决问题的办法。详细设计阶段的任务就是把解决方法具体化。详细设计主要是针对程序开发部分来说的,但这个阶段不是真正编写程序,而是设计出程序的详细规格说明。

(1)整体形象设计

在程序员进行详细设计的同时,网页设计师开始设计网站的整体形象和首页。

整体形象设计包括标准字体、Logo、标准色彩、广告语等。首页设计包括版面、色彩、图像、动态效果、图标等风格设计,也包括 banner、菜单、标题、版权等模块设计。首页最好设计出 1 ~ 3 个不同风格,完成后供客户选择。在客户确定首页风格之后,请客户签字认可;原则上以后不得再对版面风格做大的变动。

(2)开发制作

到这里,程序员和网页设计师同时进入全力开发阶段。需要提醒的是,测试人员需要随时测试网页与程序,发现 Bug 立刻记录并反馈修改。不要等到完全制作完毕再测试,这样会浪费大量的时间和精力。项目经理需要经常了解项目进度,协调和沟通程序员与网页设计师的工作。

(3)调试完善

在网站初步完成后,可以上传到服务器,对网站进行全范围的测试。包括速度,兼容性,交互性,链接正确性,程序合理性,超流量测试等,发现问题应及时解决并记录下来。通过不断地发现问题,解决问题,修改、补充文档,使这个标准越来越规范,进而使得网站开发更加合理。

三、任务检测

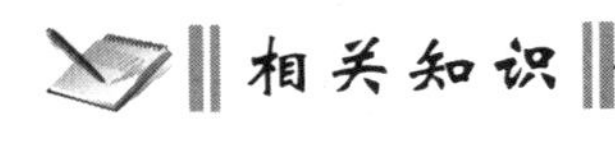

本任务涉及的知识点是:乙方全部履行网站设计合同。

任务4 网站验收

任务描述

验收是网站建设过程中的最后一个环节;对设计者来说,也是最重要的一环。企业客户应对比合同内容对网站进行验收,并做出相应的评价。如果客户觉得哪些方面还不够完善,设计者就要进行必要的修改和调整,然后再交由客户进行验收,这个步骤可能会重复多次。经过反复地审核和修改,直到客户满意为止。

任务目标

- 制定验收标准
- 设计验收
- 签署验收报告

任务分析

网站建设中的一个非常重要的步骤就是网站验收,这个程序的重要性丝毫不亚于网站建设过程中的任何一步。因为只有通过验收的网站才能正式交付给客户,否则,后期上线之后发现问题再来修改就非常麻烦。以下具体介绍如何对网站进行验收。

任务实施

一、任务准备

在网站设计全部完成后,甲、乙双方合作验收。

二、任务实施

网站建设完成后的验收事项如下:

1. 网站的兼容性

企业在验收网站时,可以在多种不同的浏览器中打开并查看效果是否一致,是否有布局混乱现象。如果有的话,可以直接找乙方进行修改。

2. 网站功能

网站功能是最重要的一项,如果网站功能没有完成,有漏缺或者功能开发不完善、存在错误,那么就会成为企业在网络推广方面的阻碍,不但没有起到好的推广效果,反而给用户留下坏印象。

3. 网站的打开速度

网站的访问速度直接影响客户的忠诚度，而很多人都认为影响网站速度的主要原因就是服务器的好坏，其实不然。其实，这跟网站的代码编写与网站的整体设计都有关系。比如页面中堆积过多的无用代码导致服务器解析页面耗费大量时间以至于页面打开速度慢。现在很多网站都运用了静态技术，所以最好要求设计公司运用静态技术。

4. 网站色调

要对网站的整体颜色格调仔细检查。网站颜色主体色调是访客进入网站第一眼的直观感受，如果颜色色调与自己要求的不完全一致，则可以要求网站建设公司做出修改，直到与自己要求的一致为止。此外还有网站上图片的选择，如果有图片不合适，则客户可以要求网站公司将图片改掉。

5. 网站整体感觉

甲方须认真检查网站上的一些容易忽视的细节，要仔细看有没有别扭的地方，或者没按照要求做的地方。像网站导航条、网页头、网页脚等等，要自己先检查一下，如果发现存在问题，可以要求乙方进行修改。

任务5 网站维护合同

任务描述

在网站通过验收并投入运行后，网站的维护就摆在运营方的面前。企业的情况在不断地变化，网站的内容也需要随之调整，这就不可避免地涉及网站维护的问题。由于网站的维护是一项专业性较强的工作，故需要专业人士来完成。

任务目标

- 会签订网站维护合同

任务分析

网站的使用方可以自行对网站进行维护，也可以寻求软件开发商提供网站维护服务。若使用方不具备自行维护的条件，就需要请软件开发商进行维护并且签订网站维护合同。

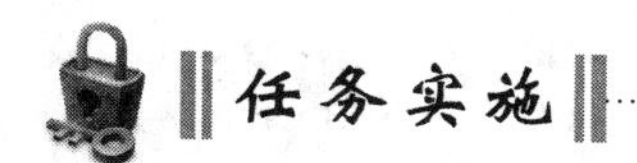

任务实施

一、任务准备

合同双方事先做好签订网站维护合同的各项准备工作。

二、任务实施

合同基本内容如下：

乙方为提供域名注册、网站制作、主机租用服务的提供商，甲方作为该项目的用户，双方本着互利互惠并在遵守国家有关政策和法规的基础上，签定本维护协议：

（一）双方责任

甲方责任：

1. 甲方须按时交纳域名的续费和网站维护费用；

2. 甲方在不影响网站美观与程序正常使用的情况下，经乙方同意，可以添加一些使用HTML编辑的文件；

3. 甲方可以使用乙方提供的程序在线添加内容；

4. 甲方不能单方修改版权信息；

5. 甲方不准添加或上传任何违反国家法律、法规及有关政策的文件；

6. 未经乙方书面许可，甲方不准上传会对主机运行造成不良影响的服务器端可执行程序；

7. 甲方上传大小超过5 MB的文件，须提前一天通知乙方。

乙方责任：

1. 乙方根据甲方要求进行站点维护，并及时回应甲方提出的问题，做到免费电话支持，E-MAIL支持；

2. 乙方负责甲方网站程序部分的升级工作；

3. 乙方负责处理程序或者网页连接的BUG；

4. 乙方清理网站的垃圾文件以释放网站资源；

5. 乙方负责甲方域名的续费工作；

6. 乙方应为甲方开具全额的正式发票；

7. 按协议给予甲方网站维护并有书面的维护报告。

（二）违约责任

1. 甲方如违反了国家有关政策法规，乙方有权终止协议并由甲方承担相应的责任；

2. 如因甲方单方面修改版权信息，将受到乙方起诉；

3. 如因乙方违反本协议内容，甲方有权终止协议并收回剩余的维护预付款。

（三）后期企业网站月标准维护内容及价格

1. 每月维护内容包括文字修改、图片更新、文件增删和数据库整理；

2. 文字修改类维护，每月________个页面，修改幅度不超过单页原有文字总量的________%，可修改页面排版格式；

3. 图片更新类维护，每月________图片，甲方需提供图片资料；

4. 文件增删类维护，每月________个文件，文件类型为 *. doc、*. txt、*. pdf 或 *. zip；

5. 数据库整理类维护，每月________次；

6. 月标准维护价格为每月________元，首付不低于________个月的维护费，其余每月5 日前预付当月款项；

7. 对于预缴全年款项，或选用已包含一年标准维护服务的建站套餐的客户，其维护额度可以提前支用；

8. 对于按月缴款的客户，其每月超出的维护部分，按照________元/页（不含图片）、________元/页（包含 2 幅图片）、________元/图、________元/文件和________元/数据库的价格收取；

9. 对于其他修改要求（如首页整体风格修改），按照单项服务价格的 50% 收取。

（四）维护服务内容

1. 乙方应甲方要求向其提供________个月的网站标准维护；

2. 乙方需要维护的网站域名为 http://. . .

3. 乙方向甲方提供网站维护服务的起始时间为________年________月。

（五）终止协议

1. 一方需要提前一个月向另一方提出终止协议的书面通知；

2. 甲方违反本协议，且在 14 天内未能做出书面通知用以改正；

3. 甲方的合并、解散等法人变更原因；

4. 甲方违反国家有关政策法规；

5. 乙方违反本协议内容；

6. 乙方违反国家有关政策法规。

本协议一式两份，双方各执一份，未尽事宜友好协商解决；如有争议，可通过法律程序解决。

甲方：	乙方：
盖章：	盖章：
代表签字：	代表签字：
年　　月　　日	年　　月　　日

三、任务检测

相关知识

本任务涉及的知识点是：签订网站维护合同

单元小结

本单元主要讲述网站需求分析报告的书写方法、网站制作合同的书写方法、网站验收报告的书写方法，以及网站维护合同的书写方法。特别需要注意的是，所签订合同一定要符合国家有关法律法规的规定，合同双方要充分考虑对方的利益。

综合测试

一、填空题

1. 网站建设需求分析的目的是：__________完整、__________准确地__________描述用户的需求，__________跟踪用户需求的变化，将用户的需求准确地__________反映到系统的分析和设计中。
2. 网站需求分析工作可分成以下四个阶段：__________调查、__________调查、编制__________描述书、__________。
3. 用户调查报告的要点有以下三方面：__________说明、__________说明、__________汇编。
4. 网站__________阶段的任务就是把__________具体化。
5. 网站测试包括__________速度、__________兼容性、__________交互性、链接正确性、程序合理性、超流量测试等。

二、简答题

网站设计前进行市场调查的主要目的及内容是什么？

习题参考答案

单元一

一、填空题

1. 站点规划阶段、设计阶段、开发阶段、发布阶段与维护阶段

2. 两个、两个以上、顶级域名

3. 接入、信息服务、公司和机构

4. CuteFTP、LeapFTP、FlashFXP

5. 网站、长期稳定地、Internet

二、选择题

1. B　2. A　3. A、B、C、D　4. A、B、C、D　5. A、B、C、D

三、简答题

1. 确定网站目标、分析目标用户对站点的实际需求、确定站点风格、考虑网络技术因素。

2. 设计页面应以网站目标为准，最大限度地体现网站的功能；形象简明，易于接受，设计页面时应当始终为目标用户着想，网页中的任何信息都是为浏览者服务的。

3. 对于一个网站来说，只有不断地更新内容，才能保证网站的生命力，否则网站不仅不能起到应有的作用，反而会对单位自身形象造成不良影响。

单元二

一、填空题

1. 服务器、强大、更全面

2. 硬件、软件

3. 文字、字母、数字、不规范字符

4. Web、FTP、NNTP、SMTP

5. 可以、不可以

二、选择题

1. C　2. A、B、C　3. A、B、C　4. A、B、C　5. “192.168.0.1”

三、简答题

选择 NTFS 文件系统格式化硬盘；因它对硬盘的使用更有效率，数据安全性好，支持大硬盘、大分区和大文件。

单元三

一、填空题

1. 标准规范、标记符(tag)、网页

2. <HTML> </HTML>、<HEAD>和</HEAD>、<BODY> </BODY>

3. GIF、JPEG、PNG、矢量

4. 文本、媒体、声音、图像、动画

5. <table>、<tr>、<td>

二、选择题

1. A、B、C、D　2. A、B、C　3. A、B　4. C　5. A

三、简答题

1. 所有的标记符都用尖括号括起来;某些标记符,例如换行标记符
,只要求单一标记符号;但绝大多数标记符都是成对出现的,包括开始标记符和结束标记符;结束标记符与开始标记符的区别是有一个斜线。

2. URL(Uniform Resource Locator)中文名字为"统一资源定位器",HTML利用统一资源定位器为使用各种协议的访问信息提供了一个简单连贯的方法。一个URL包括3部分内容:即一个协议代码、一个装有所需文件的计算机地址(或一个电子邮件地址或是新闻组名称),以及包含有信息的文件地址和文件名。

3. 框架的典型用法是:在某一个或若干个框架中包含固定信息(通常是超链接或联系信息等),而在另一个框架中显示页面的主要内容,通过单击其他框架中的超链接,来不断改变该主要框架的内容显示。

单元四

一、填空题

1. 表格、层、图像

2. 图像、文本、表单

3. 站内、外部、图片、邮件

4. . html、. htm

5. 时间、图层、样式

二、选择题

1. A、B、C　2. A　3. A　4. A　5. A

三、简答题

1. 整个表格不要都套在一个表格里,尽量拆分成多个表格。

2. 表格的嵌套层次尽量要少,最好嵌套表格不超过3层。

3. 单一表格的结构尽量整齐。

单元五

一、填空题

1. HTML、脚本、asp

2. 分行、一行、多行

3. 算术、连接、比较、逻辑
4. 完整实体、数据
5. 方法、属性、集合

二、选择题

1. A 2. B 3. A 4. A 5. A

三、简答题

1. 浏览器向服务器请求 ASP 文件。
2. 服务器端脚本开始编译运行 ASP 程序。
3. 根据 ASP 运行的结果,产生标准的 HTML 文件。
4. 产生的 HTML 文件作为用户请求的响应传回给用户端浏览器,并解释运行。

单元六

一、填空题

1. 外观、链接、效果
2. 连接速度、负载、压力
3. 文件
4. 页面、文字、图片、超级链接
5. 自主建站、租赁空间

二、简答题

1. Windows 系统的主机,请将全部网页文件直接上传到 FTP 根目录,即"/"。
2. Linux 系统的主机,请将全部网页文件直接上传到"/htdocs"目录下。
3. 由于 Linux 主机的文件名是区别大、小写的,文件命名要注意规范,建议用小写字母、数字或者带下划线,不要使用汉字。
4. 如果网页文件较多,上传较慢,建议您先在本地将网页文件压缩后再通过 FTP 上传,上传成功后通过控制面板解压缩到指定目录。

单元七

一、填空题

1. 保留、破坏、利用
2. 网站程序、数据库
3. 各种应用、安全保障
4. 用户名、口令、网络资源、文件和设置
5. 预防为主、事后处理
6. 多个、系统、使用

二、简答题

1. 网站管理意识滞后;网站规模不断扩大和网站内容日益丰富;网站内容和功能更新不及时;网站安全管理不到位。
2. 传播网络化;利用操作系统和应用程序的漏洞;传播方式多样;病毒制作技术新;病毒形式多样化;危害多样化。

单元八

一、填空题

1. 产品、网站、域名、消费者

2. 全文、目录索引类、元

3. 软件自动、人工

4. 关键词、分类、赞助式、Email

5. 新型、大量、潜在

二、选择题

1. A、B、C　2. C　3. A　4. A　5. A

三、简答题

1. 网络宣传拥有最有活力的消费群体;网络宣传制作成本低,速度快,更改灵活;网络宣传具有交互性和纵深性;网络宣传的投放更具有针对性;网络宣传的受众关注度高;网络宣传缩短了媒体投放的进程;网络宣传传播范围广、不受时空限制;网络宣传具有可重复性和可检索性。

2. 收集目标用户;准确定位;掌握发送周期;邮件地址管理;HTML 格式;使用签名文件。

3. 网络广告的制作更为方便、见效快、交互性好,效果也更好,而且成本也相对较低;网络广告具有可选择网络媒体范围广、形式多样、适用性强、投放及时等优点,它能够更好地宣传和推广网站,有电视广告等传统媒体不可比拟的优势。

单元九

一、填空题

1. 成本、效率、效果

2. 用户、搜索引擎、网站营销

3. 服务器、软硬件、数据库、黑客

4. 发现、修补

5. 更新、生命力

二、简答题

1. 给网站上每个页面添加一个最新文章的版块,这样,每次网站有新文章发布,全站所有页面就都更新了;给网站上每个页面添加一个"最新留言的版块"或"随机推荐的版块",这样网站上每次有新的留言,全站所有页面也就都更新了。

2. (1)企业招聘专业维护人员,包括网页设计人员、文字采编人员、美工、服务器维护人员等;特点是维护成本高、维护效率高、维护效果有保证。

(2)企业委托建站公司,双方约定建站公司一定时期内免费对网站进行小范围改版、内容维护;特点是维护成本低、维护效果低、维护效果无保证。

(3)企业委托专业网站维护公司,双方签订网站维护合同,维护公司在网站内容更新、网页改版、安全维护、数据备份等方面全方位进行呵护;特点是维护成本非常低、维护效果高、维护效果有保证。

单元十

一、填空题

1. 完整、准确、描述、跟踪、反映
2. 用户、市场、网站功能、评审
3. 调查概要、调查内容、调查资料
4. 详细设计、解决方法
5. 速度、兼容性、交互性

二、简答题

答:主要是对网站目标客户、企业产品的市场占有情况,以及竞争对手进行分析,然后确定网站的市场定位;调查内容包括:目标客户的调查与分析,竞争对手的调查与分析,市场定位分析。

参考文献

[1] 吴振峰主编. 网站建设与管理. 北京:高等教育出版社,2004.
[2] 吴涛主编. 网站全程设计技术(修订本). 北京:清华大学出版社,2006.
[3] 任学文,范严编. 网页设计与制作. 北京:中国科学技术出版社,2006.

图书在版编目（CIP）数据

网站建设与管理/周佩锋，张实主编. —济南：山东科学技术出版社，2016.12
ISBN 978-7-5331-8238-0

Ⅰ.①网… Ⅱ.①周… ②张… Ⅲ.①网站—建设—中等专业学校—教材 Ⅳ.①TP393.092

中国版本图书馆CIP数据核字(2016)第091806号

网站建设与管理

主编　周佩锋　张　实

主管单位：山东出版传媒股份有限公司
出 版 者：山东科学技术出版社
地址：济南市玉函路16号
邮编：250002　电话：(0531)82098088
网址：www.lkj.com.cn
电子邮件：sdkj@sdpress.com.cn
发 行 者：山东科学技术出版社
地址：济南市玉函路16号
邮编：250002　电话：(0531)82098071
印 刷 者：山东金坐标印务有限公司
地址：莱芜市嬴牟西大街28号
邮编：271100　电话：(0634)6276023

开本： 787mm×1092mm　1/16
印张： 11.75
字数： 264千
印数： 1-2000
版次： 2016年12月第1版　2016年12月第1次印刷

ISBN 978-7-5331-8238-0
定价：24.80元